TRAITÉ

SUR LA

RÉGÉNÉRATION DE LA VIGNE

ET DES CÉRÉALES

LA CONFECTION DES VINS ET DE L'EAU-DE-VIE,
L'AMÉLIORATION DES TERRES,
LE PERFECTIONNEMENT DES LABOURS,
LA REPLANTATION DES ARBRES, LES TEMPS ET LES SAISONS
QUI CONVIENNENT AUX TRAVAUX DES CHAMPS,
L'ARROSAGE, ETC.

PAR

DENIS ALBERT

Propriétaire, Cultivateur vigneron à Balzac (Charente)

HONORÉ D'UNE MÉDAILLE D'ARGENT DE PREMIÈRE CLASSE
PAR LA SOCIÉTÉ D'AGRICULTURE DE LA CHARENTE

QUATRIÈME ÉDITION

CORRIGÉE ET AUGMENTÉE

ANGOULÊME

IMPRIMERIE CHARENTAISE DE A. NADAUD ET Cie
RUE DU MARCHÉ, N° 4

1864

TRAITÉ

SUR LA RÉGÉNÉRATION DE LA VIGNE

ET DES CÉRÉALES

TRAITÉ

SUR LA

RÉGÉNÉRATION DE LA VIGNE

ET DES CÉRÉALES

LA CONFECTION DES VINS ET DE L'EAU-DE-VIE,
L'AMÉLIORATION DES TERRES,
LE PERFECTIONNEMENT DES LABOURS,
LA REPLANTATION DES ARBRES, LES TEMPS ET LES SAISONS
QUI CONVIENNENT AUX TRAVAUX DES CHAMPS,
L'ARROSAGE, ETC.

PAR

DENIS ALBERT

Propriétaire-Cultivateur vigneron à Balzac (Charente)

HONORÉ D'UNE MÉDAILLE D'ARGENT DE PREMIÈRE CLASSE
PAR LA SOCIÉTÉ D'AGRICULTURE DE LA CHARENTE

———

QUATRIÈME ÉDITION

CORRIGÉE ET AUGMENTÉE

———

ANGOULÊME

IMPRIMERIE CHARENTAISE DE A. NADAUD ET Cⁱᵉ

RUE DU MARCHÉ, Nᵒ 4

—

1864

PRÉFACE.

———

M'ÉTANT appliqué très jeune à l'agriculture, mes travaux agricoles et viticoles sont parvenus à obtenir l'appro-
bation et les éloges des connaisseurs de
mon pays. Plusieurs personnes notables
m'ayant conseillé d'écrire méthodique-
ment mes moyens de culture, afin qu'ils
soient propagés avantageusement dans
les campagnes, je me décidai en 1848

à écrire mon présent Traité sur la régénération de la vigne et des céréales, etc. J'ai employé la brièveté pour ne pas ennuyer le lecteur, et les termes les plus connus et usités, afin que les vignerons les comprennent parfaitement.

Bien que mes genres de cultures, dans les trois premières éditions de mon livre, soient approuvés et félicités par les vignerons praticiens, ayant peu voyagé, je n'y parlais que du petit nombre des cépages de la Charente, qui ne sont pas dès plus fins ni des plus grossiers. Mais comme le progrès de la viticulture est de propager les fins cépages avec les cultures les plus avantageuses pour la fructification, et mes trois pre-

mières éditions ne s'étendant pas assez,
j'ai été obligé de voyager et de prendre
connaissance des meilleurs cépages,
pour les joindre à ma collection, et j'ai
dû recourir à une quatrième édition,
qui, malgré ses imperfections, offre des
avantages pour la vigne, la quantité et
la qualité des vins, etc.

Denis Albert.

RAPPORT

SUR LE TRAITÉ DE M. DENIS ALBERT

SUR

LA RÉGÉNÉRATION DE LA VIGNE

ET DES CÉRÉALES, ETC.

Fait par M. ROUFFIGNAC à la Société d'Agriculture
de la Charente, dans sa séance du 15 Juillet 1862,
présidence de M. Roux.

MESSIEURS,

Dans votre séance du 16 juin dernier, vous
avez chargé une commission d'examiner le
Traité de M. Albert sur la régénération de
la vigne et autres végétaux, et de visiter ses
plantations pour apprécier le résultat de la
méthode préconisée dans ce traité.

Votre commission, Messieurs, s'est acquittée de son mandat, et je viens, comme rapporteur, vous soumettre le résultat de ses observations.

Fils d'agriculteur et voué dès son enfance aux travaux des champs, M. Albert a su mettre à profit l'esprit d'observation dont il est doué pour tenter des améliorations dans les cultures, celle de la vigne surtout, qui fait la principale richesse de notre département.

Ayant remarqué que les jeunes vignes mouraient, en effet, avant d'avoir atteint leur entier développement, il pensa que cela devait être la suite d'une mauvaise plantation. Pour s'en assurer, il se livra à des expériences nombreuses et variées, qui confirmèrent bien vite ses premières impressions.

Il fut convaincu que le mal provenait du choix des boutures et d'une taille défectueuse, et que, par suite de ce mauvais choix et de cette taille défectueuse, il se produisait chez la vigne une sorte de dégénérescence qui, en peu d'années, occasionnait la mort de ce végétal. Dès lors, il s'occupa de chercher un remède, et, je m'empresse de le dire, votre commission a pu constater que tant d'efforts avaient été couronnés d'un succès que l'avenir, nous le pensons, viendra sanctionner encore.

Ce sont ces expériences faites sur la vigne et d'autres végétaux, et accompagnées de sages conseils et de conclusions fort justes, qui font l'objet du traité que nous avions à apprécier.

M. Albert avait compris que pour bien juger sa méthode il fallait en connaître les résultats pratiques ; aussi avait-il invité votre commission à aller visiter ses cultures. C'est ce qu'elle a fait le 3 du courant. Elle a d'abord examiné un champ de blé qui lui a paru remplir toutes les conditions : bien ensemencé, paille abondante surmontée de beaux épis, preuve d'une semence bien choisie et d'un terrain bien préparé.

Passant ensuite à une vigne de **21** ans, pur Balzac noir (espèce délicate), plantée et traitée par lui, et l'ayant comparée à des vignes voisines du même âge environ, exposées de la même manière, mais traitées d'après l'ancienne méthode, votre commission, Messieurs, a été unanime pour reconnaître que ces dernières étaient loin de présenter la vigueur et la végétation qu'elle avait remarquées dans celles de M. Albert. Ici, pas un cep ne manque! on voit partout un bois sain, des sarments vigoureux et chargés de grappes. Là, au contraire, beaucoup de ceps sont morts; d'autres languissent et partant sont improductifs.

Votre commission s'est ensuite transportée à Bardines, sur la propriété de M. Roux, notre honorable président, et, là encore, elle a examiné un rang de vigne planté par M. Albert, il y a trois ans, et dont les crossettes avaient été choisies et préparées par ce dernier. Aujourd'hui, par son développement et la force de sa végétation, ce rang de vigne paraît avoir 8 à 10 ans.

Après l'examen sérieux des champs et des vignes que M. Albert lui a fait parcourir, et surtout après avoir entendu la démonstration concluante que lui a faite ce dernier, tendant à prouver d'où venait la mortalité prématurée de la vigne et le moyen d'y remédier, votre commission a déclaré approuver à l'unanimité le Traité de M. Albert sur la régénération des vignes, la culture des céréales, etc., comme contenant des principes pratiques très faciles dans leur application et ne pouvant conduire qu'à de bons résultats. Elle aurait cru, d'ailleurs, manquer à son devoir en n'accueillant pas favorablement un ouvrage dont le principal sujet a pour but d'apporter un remède efficace à cette dégénérescence qui se manifeste de plus en plus dans nos vignobles, et pour encourager son auteur à persévérer dans ses recherches sur un sujet aussi important, votre commission, Messieurs, vous propose d'accorder à M. Albert une médaille d'argent de première classe.

Les Membres de la Commission

Le Rapporteur,

ROUFFIGNAC,

Propriétaire et Adjoint à M. le Maire de Balzac.

MAUFRAS,

Propriétaire et Maire de L'Houmeau-Pontouvre
et Membre du Conseil d'arrondissement.

CHABOT,

Propriétaire

FAHY,

Professeur d'arboriculture de la Charente.

TRAITÉ

SUR

LA RÉGÉNÉRATION DE LA VIGNE

ET DES CÉRÉALES

LA CONFECTION DES VINS, L'AMÉLIORATION DES TERRES,
LE PERFECTIONNEMENT DES LABOURS,
LA REPLANTATION DES ARBRES, LES TEMPS ET LES SAISONS
QUI CONVIENNENT AUX TRAVAUX DES CHAMPS,
L'ARROSAGE, ETC.

Je ne me pose pas comme viticulteur absolu, car je suis convaincu de l'insuffisance de mes moyens pour traiter parfaitement les sujets importants qui font les matières de mon travail ; je laisse à mes indulgents collègues la liberté de juger le mérite de mon ouvrage, qui est le fruit d'une pratique de trente années.

J'ai commencé dès onze ans à cultiver la vigne et les autres précieux végétaux dont je traite ici. D'ailleurs, la perfection providentielle des arts et des sciences est si élevée, que les persévérants auteurs s'épuisent presque en vain pour l'atteindre, en ce que les matières se découvrent et se multiplient presque à l'infini.

Les anciennes cultures de vigne et autres ne sont pas tout à fait à dédaigner. L'agriculture en général a fait des progrès, mais elle n'en a pas tant fait qu'il semble à un grand nombre de théoriciens sans pratique. Je suis aussi partisan du progrès des cultures, mais du véritable progrès, qui doit être souvent le plus facile et le moins coûteux, surtout; qui nous fait obtenir plus de récolte et en meilleure qualité, ce qui est assez difficile, car il est nécessaire d'employer assez de temps pour perfectionner les cultures, afin d'en obtenir de bonnes et abondantes récoltes. Il arrive souvent que, pour avancer trop à cultiver, le manque de temps, de perfection et de travail fait que les récoltes sont peu abondantes et moins bonnes.

Il est fort bien de récompenser les personnes qui parviennent à obtenir les plus beaux produits dans l'agriculture, mais ce n'est pas assez ; il faudrait aussi recueillir et propager les moyens à l'aide desquels on est arrivé à ce résultat ; c'est-à-dire que ceux que l'on récompense devraient être tenus en même temps de fournir, par écrit, des renseignements exacts des moyens qu'ils ont employés.

En effet, ceux qui propagent les meilleurs renseignements pour l'agriculture font plus de bien que ceux qui créent de beaux produits sans faire connaître par quel procédé ils les ont obtenus

La vigne, qui fait la richesse d'une grande partie de la France, est originaire de l'Orient. Cette plante est une des plus précieuses parmi celles que le Créateur a répandues avec tant de profusion sur la terre, car elle fournit à l'homme une liqueur salutaire et fortifiante. Il est donc à regretter que la vigne soit dégénérée.

Plusieurs propriétaires attribuent à l'épuisement des terres la cause de la dégénération des vignes; mais les expériences de notre pays prouvent que c'est une erreur, car la faiblesse ou la maigreur d'un terrain peut bien réduire la production d'un plant, mais elle ne peut en corrompre la nature.

Il y a plusieurs autres propriétaires qui attribuent cette dégénération à la croissance hâtive des vignes; car, disent-ils, ce sont toujours celles qui poussent avec le plus de vigueur qui meurent le plus tôt. C'est encore une erreur : ceux qui raisonnent ainsi confondent la croissance outrée des vignes mal soignées avec la croissance hâtive, mais naturelle et saine, de la vigne bien régénérée.

En effet, une vigne bien cultivée est à la fois jeune, saine et vigoureuse.

Les vignes sont naturellement très robustes, et si elles étaient conduites avec l'intelligence qu'exige leur conservation, elles pourraient survivre à plusieurs générations d'hommes.

Frappé de l'état déplorable des jeunes vignes dans notre pays et dans toutes sortes de terrains et d'expositions, et remarquant que les vieilles vignes cultivées actuellement de la même manière que les jeunes manquent, il est vrai, d'un grand nombre de ceps, mais que ceux qui y restent se maintiennent assez bien, j'ai demandé, pour m'éclairer, des renseignements aux plus anciens vignerons que j'ai connus. Ils m'ont répondu qu'anciennement ils plantaient leurs vignes comme on les plante encore maintenant, mais qu'ils ne commençaient pas à les tailler aussi jeunes qu'à présent, et qu'ils dirigeaient leur première taille différemment que nous. Je demandai des explications sur ce sujet, et je les trouvai si raisonnables, que je dus les prendre en grande considération. D'après ce que j'ai appris, il paraît que les anciens savaient assez bien diriger la première taille de leurs jeunes vignes, mais ils ne connaissaient pas la manière de tailler leurs boutures afin de fixer le pivot des ceps pour qu'elles y prissent racine. C'est à l'ignorance de cette taille qu'il faut attribuer la mort d'un grand nombre de ceps dans les anciennes vignes, et les ceps restants n'ont pas autant de vigueur qu'ils en auraient s'ils avaient été traités selon mes indications. En outre, les anciens faisaient encore une faute en plantant tous les vignobles en plein.

Nos ancêtres cultivant en quelque sorte avec plus de prudence que nous, il leur était plus facile de réussir dans leurs plantations ; la terre n'était pas aussi corrompue qu'elle est à présent ; de plus, les plants dont ils se servaient étaient plus sains que ceux que l'on emploie aujourd'hui, parce que les vignerons imprudents les ont fait dégénérer d'âge en âge.

Si les mauvaises méthodes actuellement en usage ne font pas autant dépérir les anciennes vignes que les jeunes, c'est parce que ces vieilles vignes ont acquis, par leur âge, toute leur consistance naturelle, et offrent alors plus de résistance ; tandis que les jeunes, n'ayant pas encore acquis le même degré de force, sont d'une grande sensibilité. En effet, on ne ferait pas autant de tort à un vieux cep en lui coupant un membre, que l'on en ferait à un jeune en lui coupant un gros sarment.

Ayant aussi remarqué dans les jeunes vignes que ce sont les ceps atteignant une grosseur extraordinaire qui sont le plus tôt morts, j'ai compris que ces croissances outrées indiquaient de la corruption. Pour m'assurer des causes de ce phénomène, j'ai arraché plusieurs jeunes ceps morts, et les ayant fendus par la moitié, j'ai remarqué que la moelle et le bois étaient attaqués d'un bout à l'autre, et que leur pourriture provenait, d'un bout, de la mauvaise direction de la première taille ; de l'autre, de ce que les boutures avaient été mal choisies et qu'elles n'avaient pas pris racine dès leurs pivots, parce qu'on n'avait su ni les fixer ni les traiter. Ces deux principes morbides s'étant joints, les jeunes ceps avaient donc été mortellement atteints par les deux extrémités.

J'ai également arraché, dans ces jeunes vignes, d'autres ceps vivants qui avaient reçu les mêmes traitements que les précédents. Les ayant fendus par la moitié, j'ai remarqué que la moelle et le bois n'étaient pas aussi profondément atteints que les précédents, les boutures ayant pris racine un peu plus avant dans la terre et à plus de mamelons que les autres.

Ces derniers possédaient alors plus de vie que les autres, parce que leurs attaques, étant plus éloignées, ne se joignaient pas encore ; mais ils n'avaient pas autant de vigueur qu'ils en auraient eu s'ils avaient été bien traités, et montraient des ceps d'une courte durée.

De plus, ces jeunes ceps vivants avaient dans la terre un grand nombre de petites racines courtes et qui étaient mortes pour n'avoir pas pu pénétrer dans l'intérieur des trous destinés à leur plantation, parce que le sous-sol étant difficile à percer, l'intérieur de ces trous avait été excessivement tassé par le pieu en fer qui avait servi à leur ouverture.

Je vais mentionner les anciennes méthodes défectueuses actuellement en usage dans notre pays, et qui portent tant de tort aux vignes ;

ensuite j'indiquerai celles que j'ai adoptées ,
et que je crois capables de ramener à une vigoureuse santé cette précieuse plante.

Ces différentes méthodes mises en regard ,
il ne sera pas difficile de les comparer et d'apprécier la supériorité de celle que je dois à
une longue expérience et à de consciencieu-
ses études.

Anciennes Méthodes dégénératrices des Vignes actuellement en usage.

Connaissant les causes de la dégénération
et considérant la manière dont la plupart des
vignerons de notre pays cultivent leurs jeunes vignes depuis plusieurs années, on com-
prendra facilement qu'il est impossible qu'ils
puissent en élever qui aient une longue durée, ni qu'ils puissent en obtenir une grande
quantité de vin capable de bien se conser-

ver ; car les vignes sont plantées et traitées dans un désordre presque complet : plantation souvent en plein, ce qui coûte beaucoup plus de frais de culture et rapporte beaucoup moins qu'en allées ; végétation mal limitée ; point de pinçage, point d'épamprement et une seule vendange, souvent même avant que les raisins soient assez mûrs. Puis, comme il y a une grande quantité de trop petits pampres qui produisent une certaine quantité de raisins aussi beaux que les autres, mais contenant peu de saveur et peu d'alcool, et qu'on les mêle néanmoins avec les meilleurs raisins, c'est ce qui, la plupart du temps, fait varier le vin de la Charente. La Charente possède d'excellents vignobles bien exposés et abondants, mais ses cépages ne sont pas des plus fins ni des plus grossiers, c'est-à-dire qu'elle manque aussi de beaucoup de fins cépages ; malgré cela, si les vignes étaient bien cultivées, les Charentais récolteraient une grande quantité de beaux et bons vins qui se conserveraient assez bien.

En effet, si l'on veut manger de bons raisins, il faut qu'ils soient bien mûrs et les prendre sur les principaux sarments de chaque cep.

S'ils opèrent leurs plantations en temps, en terre et en saison favorables, c'est par hasard; car ils choisissent souvent mal leurs boutures et sur des ceps déjà attaqués, mal exposés, et ne les taillent pas convenablement. Ainsi, ils prennent fréquemment des sarments d'une grosseur extraordinaire, sans songer qu'ils sont souvent les plus sensibles, en ce qu'ils sont les plus moelleux et les plus spongieux ; et ce sont ceux-ci précisément qui risquent déjà de renfermer souvent en eux le principe de dégénération. En outre, ils leur coupent par les deux bouts la moelle, ainsi que les pores ligneux et vitaux, et la plaie qui en résulte est d'autant plus large que le sarment est plus gros. Ces deux tailles irrationnelles, principalement celle du pivot du cep, contribuent puissamment à la perte de la vigne, en ce que le pivot ne peut que se corrompre, beaucoup étant mal traités et mal fixés. Les jeunes plants étant ainsi attaqués par-dessous, ainsi que leur moelle et leurs pores ligneux et vitaux, la corruption gagne le bois. Quant à la coupe qui se trouve au-dessus de la terre, elle est indispensable ; la précaution de la couvrir avec du goudron ne serait pas nuisible, mais elle serait trop dispendieuse. Les crossettes et les boutures bien traitées ont le temps de se rétablir, avant leur première taille, de cette blessure ainsi que de leurs autres contrariétés.

En effet, la coupe du pivot se rétablit passablement lorsqu'elle est bien fixée et bien traitée, et, de plus, elle est soutenue par l'influence de la terre, de la séve et des raciues , tandis que la coupe qui est au-dessus de la terre ne peut avoir tous les mêmes soutiens pour se rétablir, même quand on butterait complétement le plant en le plantant.

Après avoir ainsi fait leur choix de boutures, les uns les mettent dans l'eau pendant plusieurs jours avant de les planter, ce qui leur est préjudiciable ; les autres les font élaborer entre deux couches de terre végétale, souvent trop humide, ce qui détériore la terre et occasionne des moisissures aux boutures. Il y en a beaucoup qui ne les couvrent de terre qu'à demi ; alors l'air leur cause un grave préjudice. Enfin, les autres les plantent sans qu'elles soient préparées à la végétation et ne les buttent point, ce qui leur est contraire, et toujours dans des trous irréguliers, récemment faits, et dont l'intérieur est souvent si tassé que les racines ne peuvent y pénétrer. Leurs boutures étant toujours trop élevées au-dessus de la terre , l'air leur est très préjudiciable. En outre , ils les plantent souvent dans du terreau ou dans du fumier, ou encore dans des terrains d'un repos de cinq à six ans ; tout cela est mauvais.

Lorsqu'ils ont ainsi planté leurs boutures, ils ne les arrosent point ; puis les chaleurs et les mauvais traitements en font mourir beaucoup , de sorte qu'ils sont obligés de les entreplanter pendant trois ou quatre années de suite. Enfin, ils réussissent , à force de temps et de patience, à leur faire prendre un peu racine. Ces boutures ainsi plantées sont très longues à s'élever et souffrent beaucoup, en ce qu'elles sont attaquées, ainsi que je l'ai déjà dit, par-dessous , à leur pivot, à leur moelle et à leurs pores ligneux et vitaux. Etant peu enracinées à quelques mamelons au-dessus du pivot et très exposées au-dessus de la terre par leur hauteur, elles sont alors fort sensibles ; il y en a beaucoup qui d'abord poussent si faiblement qu'on ne les croirait pas viables.

Ils commencent à tailler ces jeunes vignes vers la fin de mars ou au commencement d'avril, lorsque la séve est en mouvement ; elles perdent ainsi une grande quantité de séve. En outre, ils les coupent transversalement entre deux terres, par-dessous leurs petites touffes de jets. Cet imprudent traitement contribue puissamment encore à leur dégénération : le corps trop court des jeunes ceps se trouve alors endommagé, principalement les plus gros, aux deux extrémités, ce qui fait deux larges plaies trop rapprochées à chaque plant, et le cours ordinaire de la végétation se trouvant totalement interrompu, le corps des jeunes ceps est alors exposé à toutes les rigueurs atmosphériques, qui les atteignent par leur moelle et leurs pores li-

gneux et vitaux, coagulent leurs sucs séveux
et les détériorent souvent d'un bout à l'autre.
Ces deux grands accidents occasionnent aussi
des excroissances corrompues, capables de
déterminer, sinon de suite, du moins quelques années après, la mort des ceps attaqués.
De sorte qu'au bout de quinze à vingt ans,
les vignes sont mortes, n'ayant encore produit que peu de vin et donné beaucoup de
peine. L'opération est alors à recommencer,
et ainsi de suite. Tandis qu'une vigne de
quinze à vingt ans ayant été bien soignée a
été promptement élevée ; elle est très vigoureuse, a déjà produit beaucoup de vin et en
produira encore longtemps en grande quantité, et sera presque insensible aux intempéries et à la taille.

Ma méthode préserve de tous les désastres
que je viens de signaler. Lorsqu'elle sera
adoptée, la culture de lavigne donn era les

résultats les plus avantageux ; c'est-à-dire qu'il y a beaucoup de vignobles qui rapporteront au moins trois fois plus qu'à l'ordinaire, tandis qu'actuellement ils rapportent à peine pour payer les frais de culture.

Nouvelles Méthodes régénératrices des Vignes.

Régénérer une vigne, c'est créer des ceps sains et vigoureux, dépourvus de toute attaque depuis leurs pivots jusqu'à la première taille. C'est le plus important pour la vigne, qui, dans cette position, et très disposée à prendre la forme de dressage que l'on veut, végétera et fructifiera abondamment, pourvu qu'elle soit bien traitée d'ailleurs.

Il faut remarquer que l'oïdium, qui émane des causes naturelles, n'est pas comparable à la maladie dégénératrice dont je traite ici ; cette dernière émane de la mauvaise direction de la taille.

C'est après plusieurs expériences que je suis enfin parvenu à découvrir que la dégénérescence de la vigne n'était due qu'à la mauvaise taille, principalement dans sa jeunesse, lorsqu'on l'avait renouvelée.

En conséquence, je me suis empressé d'arrêter cette dégénérescence par un nouveau genre de taille et d'autres procédés dont j'ai reconnu et éprouvé l'efficacité. On peut donc les employer avec confiance.

Les jeunes vignes sont très sensibles à la taille et autres blessures, en ce que leur bois est très moelleux, spongieux et poreux. Voilà pourquoi elles ne veulent pas de larges plaies dans leur début.

Nous voyons tous les jours des membres de vigne émanant d'un petit sarment réussir mieux que ceux émanant d'un gros.

La plantation de la vigne en désordre n'est pas convenable, en ce qu'un sarment mis en terre sans précaution produit quelquefois un bon effet ; mais il en produit souvent un mauvais. Ainsi, la première chose à faire, et le point essentiel pour les régénérations végétales quelconques, c'est de choisir avec le plus grand soin les plants ou les semences ; puis il faut les planter ou les semer en temps et saison favorables, dans des terrains nourrissants, sous une assez bonne température, et leur donner la culture propre à les faire vivre. Avec ces moyens on atteindra certainement le but.

En ce qui concerne la vigne, il est évident que les sarments d'un cep attaqué par la corruption en sont attaqués comme le cep lui-même, puisqu'ils ne font qu'un avec lui. C'est pourquoi, si l'on ne choisit pas ou si l'on choisit mal les plants destinés à régénérer les vignes, on échouera, puisqu'ils renfermeront le principe délétère ; et si, en outre, on les traite avec imprudence, on hâtera le développement du mal.

Les vignes peu attaquées par la *taille* sont souvent difficiles à connaître, à moins qu'on ne fende le corps des ceps par la moitié. Néanmoins, elles sont souffrantes, sensibles, débiles, et poussent beaucoup moins vigoureusement que si elles étaient bien travaillées ; on ne peut mieux les soulager qu'en les préservant totalement de la taille pendant quelques années de suite. Les personnes compétentes connaissent très bien celles qui sont excessivement dégénérées par la *taille*. Les ceps qui n'ont que l'intérieur du corps un peu attaqué par la taille, et dont cette attaque n'a pas encore pénétré les racines ni les sarments, sont assez propres à la régénération ; mais si cette corruption existe dans toutes les parties des ceps, leurs sarments sont presque tous sans ressource.

Noms de plusieurs sortes de Raisins, leurs qualités et la Taille approximative de leurs différents Cépages.

Comme on ne s'accorde pas sur la nomenclature des différents cépages en France, il serait nécessaire que plusieurs viticulteurs compétents de nos diverses régions vinicoles se réunissent en congrès, sous une présidence honoraire, pour procéder, en présence de la collection la plus complète des variétés de vignes de France, à la nomination, pour toujours, des différents cépages, de manière qu'il n'y eût à l'avenir qu'un nom fixe pour chaque cépage et pour toute la France. Ce congrès devrait avoir lieu à l'époque où les raisins sont arrivés à leur maturité.

Il serait aussi avantageux que des épreuves sérieuses et justes fussent faites sur les natures et les qualités des différents cépages, chacun en particulier, afin de ne recommander avantageusement que les meilleurs cépages pour tels ou tels usages, dans tels ou tels terroirs, sous telles ou telles températures, et cultivés de telles ou telles manières.

Néanmoins, je crois que plusieurs fins cépages et autres viendraient assez bien dans plusieurs vignobles.

Les Pineaux sont d'excellents raisins à manger et des meilleurs pour faire le vin, même les vins de liqueur. Il y en a trois espèces : le blanc, le noir et le gris ; le premier est le plus gros ; les deux derniers sont petits ; ils ont aussi leurs grains petits, un peu oblongs et pressés par leur rapprochement. Leurs fins cépages sont robustes ; ils viennent dans plusieurs vignobles, à une hauteur considérable; les produits sont assez abondants, pourvu qu'on les taille à cinq ou six boutons.

Les Carbenets-Sauvignons noirs et gris sont d'excellents raisins pour le vin ; leurs fins cépages sont robustes, assez abondants peu sujets à la coulure, et viennent dans plusieurs vignobles. On les taille à trois ou quatre boutons.

Le Malvoisie est un excellent raisin noir pour le vin, même pour les vins de liqueur ; il est riche en couleur ; son fin cépage produit assez abondamment et vient dans plusieurs vignobles. On le taille à trois ou quatre boutons.

Les Muscats blancs et noirs sont d'excellents raisins pour manger ou pour le vin, même pour les vins de liqueur ; leurs fins cépages sont assez abondants et viennent dans plusieurs vignobles. On les taille à trois boutons.

Les Grenaches rouges et blancs sont d'excellents raisins pour le vin, même pour les vins de liqueur ; leurs fins cépages sont assez robustes et productifs ; ils viennent dans plusieurs vignobles. On les taille à trois boutons.

Les Sauvignons sont d'excellents raisins blancs pour le vin et recherchés par leur goût; ils sont petits et leurs grains un peu oblongs et pressés par leur rapprochement; leurs cépages fins et robustes viennent dans plusieurs vignobles; ils s'élèvent très haut et produisent passablement. On les taille à quatre ou cinq boutons.

Le Moireau est un raisin noir en bonne qualité pour le vin, d'une couleur richement foncée; son cépage est robuste et assez productif; il pousse avantageusement dans des terrains médiocres; comme sa pousse est tardive, il gèle rarement, mais il est sensible à la coulure. On le taille à trois boutons.

Le Sémillon est un excellent raisin pour le vin blanc; son fin cépage, assez abondant, vient dans plusieurs vignobles et se taille à trois boutons.

La Douce blanche est un bon raisin pour le vin blanc ; son cépage, assez productif, vient dans plusieurs vignobles et se taille à trois boutons.

Les Fromentés roses, blancs et gris sont d'excellents raisins pour le vin ; leurs cépages, fins et assez fructueux, viennent dans plusieurs vignobles et se taillent à quatre et cinq boutons.

Les Mesliers sont de très bons raisins pour le vin ; leurs cépages, fins et passablement fructueux, viennent dans plusieurs vignobles et se taillent à trois boutons.

La Clarette est un bon raisin pour le vin ; son cépage fin est assez abondant, vient dans plusieurs vignobles et se taille à trois boutons.

La Grosse et Petite-Chiraz sont de bons raisins pour le vin rouge ; leurs cépages fins sont passablement fructueux, viennent dans plusieurs vignobles et se taillent à trois boutons.

La Grosse et Petite-Roussane sont d'excellents raisins pour le vin blanc ; leurs fins cépages viennent dans plusieurs vignobles et se taillent à trois ou quatre boutons.

Les Picpoules noirs et gris sont de bons raisins pour le vin ; leurs cépages fins, assez productifs, viennent dans plusieurs vignobles et se taillent à trois boutons.

Le Pendoulau est un raisin à gros grains violets et ovales ; il est d'une médiocre qualité pour le vin ; son cépage, robuste et vigoureux, aime les bons terroirs et produit abondamment, mais il est sensible à la coulure. On le taille à trois boutons.

Le Verdot est un bon raisin pour le vin ; son cépage fin produit passablement et vient dans plusieurs vignobles. On le taille à trois boutons.

L'Épinette et Blancs-Fumés sont de bons raisins pour le vin ; leurs cépages fins produisent assez bien et viennent dans plusieurs vignobles. On les taille à trois boutons.

Le Marsanne est un excellent raisin pour le vin ; son fin cépage produit passablement et vient dans plusieurs vignobles. On le taille à trois boutons.

Le Rousselet est un bon raisin pour le vin ; son fin cépage produit passablement et vient dans plusieurs vignobles. On le taille à trois boutons.

Le Furmint est un excellent raisin pour le vin, même pour les vins de liqueur ; son fin cépage produit assez abondamment et vient dans plusieurs vignobles. On le taille à trois boutons.

Le Cruchinet est un bon raisin pour le vin ; son fin cépage produit assez bien et vient dans plusieurs vignobles. On le taille à trois boutons.

La Muscadelle est un bon raisin pour le vin ; son fin cépage, assez productif, vient dans plusieurs vignobles et se taille à trois ou quatre boutons.

Le Maccabéo est un excellent raisin pour le vin, même pour les vins de liqueur ; son fin cépage produit passablement et vient dans plusieurs vignobles. Il se taille à trois boutons.

La 'Roussette est un bon raisin pour le vin ; son fin cépage produit assez bien et vient dans plusieurs vignobles. Il se taille à trois ou quatre boutons.

Le Vionnier est un bon raisin pour le vin; son fin cépage produit assez bien et vient dans plusieurs vignobles. Il se taille à trois ou quatre boutons.

Les Gentils roses, blancs et gris sont de bons raisins pour le vin; leurs fins cépages produisent passablement et viennent dans plusieurs vignobles. On les taille à trois boutons.

L'Ugny est un excellent raisin pour le vin; son fin cépage produit assez abondamment et vient dans plusieurs vignobles. On le taille à trois boutons.

Le Riesling est un bon raisin pour le vin ; son fin cépage produit passablement et vient dans plusieurs vignobles. On le taille à trois boutons.

Les Plants dorés, verts et gris sont d'excellents raisins pour le vin ; leurs fins cépages viennent dans plusieurs vignobles et se taillent à trois boutons.

Le Morillon est un excellent raisin noir pour le vin ; son fin cépage produit assez bien et vient dans plusieurs vignobles. Il se taille à trois ou quatre boutons.

Le Carignan est un excellent noir pour le vin et riche en couleur ; son cépage fin produit abondamment et vient dans plusieurs vignobles. On le taille de deux à trois boutons.

Le Raisin de Corinthe est un petit raisin jaune et délicieux ; ses grains sont très petits et pressés par leur rapprochement ; son cépage fin vient dans plusieurs vignobles. On le taille à trois boutons.

Le Guillan est un excellent raisin blanc pour le vin et recherché par son goût muscat; sa forme et sa couleur ressemblent au Bouillau; son cépage, fin, vient dans plusieurs vignobles; il produit médiocrement. On le taille à trois boutons.

L'Alicante est un raisin d'une assez bonne qualité pour le vin; son cépage, assez robuste, produit passablement et vient dans plusieurs vignobles. On le taille à trois boutons.

Le Pied-de-Perdrix noir est de bonne qualité pour le vin; son cépage est assez productif et vient dans beaucoup de vignobles. On le taille à trois ou quatre boutons.

Le Malaga est aussi d'assez bonne qualité pour le vin; son cépage, assez fructueux et robuste, vient dans plusieurs vignobles. On le taille à trois boutons.

Le Balzac noir, qui est très répandu dans les départements de la Charente et de la Charente-Inférieure, est d'un beau noir; son cépage, d'une médiocre qualité, aime les bons vignobles et produit abondamment de beaux raisins et du vin rouge d'une médiocre qualité, mais riche en couleur; il pousse un peu tard et est, par conséquent, quelquefois exempt de gelée. On le taille ordinairement à deux bons boutons.

Le Maroquin est un assez bon raisin ; sa couleur est d'un beau noir, ses grains un peu oblongs ; le vin qu'il produit est en médiocre qualité et riche en couleur ; son cépage vient dans plusieurs vignobles et produit assez abondamment. On le taille à deux boutons.

Le Raisin Madeleine est noir et très précoce ; on le cultive en treillage dans les jardins ; il est d'une grosseur médiocre ; ses grains sont petits et serrés ; son cépage se taille à trois ou quatre boutons et vient dans plusieurs vignobles.

Le Rougelin est un raisin doux, d'un noir rougeâtre, c'est-à-dire d'un noir moins foncé que le Balzac noir ; ses grains sont oblongs ; son cépage, robuste et grossier, vient avantageusement dans les vignobles inférieurs et produit abondamment. On le taille à trois ou quatre boutons.

Le Saint-Rabier est d'un beau noir et d'une qualité médiocre ; son cépage, robuste, produit abondamment et vient dans beaucoup de vignobles. On le taille à trois boutons.

Le Teinturier, raisin très noir, d'une qualité inférieure, n'est bon que pour foncer la couleur du vin rouge ; son fruit et son bois sont petits ; il vient dans plusieurs vignobles. On le taille à trois ou quatre boutons.

La Folle noire est d'une qualité inférieure ; elle réussit assez bien dans plusieurs vignobles ; sa couleur est d'un noir violet ; ses sarments ont de gros nœuds. On la taille à trois boutons.

Le Balzac blanc est d'une médiocre qualité pour le vin blanc ; ses grains sont oblongs; son cépage vient dans plusieurs vignobles et il produit abondamment. On le taille à deux bons boutons.

La Folle blanche est en médiocre qualité pour le vin et une des principales espèces de raisins pour l'eau-de-vie; elle vient dans plusieurs vignobles; son cépage produit abondamment et se taille ordinairement à trois boutons.

Le Colombar est un raisin d'une médiocre qualité pour le vin et bon pour les eaux-de-vie; il est un peu allongé et d'un blanc jaunâtre; ses grains sont un peu oblongs; il se conserve bien; son cépage, robuste, produit abondamment et résiste assez bien à la gelée, en ce qu'il s'élève très haut; il vient dans plusieurs vignobles. On le taille à quatre ou cinq boutons.

Le Raisin d'Aramon est assez bon pour le vin blanc et les eaux-de-vie; son cépage produit abondamment et vient dans plusieurs vignobles. Il se taille à trois boutons.

Le Jurançon est un beau et bon raisin pour le vin blanc et les eaux-de-vie ; son cépage, à tiges droites, pousse tard et gèle rarement ; sa production est presque toujours abondante ; il vient dans plusieurs vignobles et on le taille à trois boutons.

Le Bouillau est un gros et beau raisin d'une médiocre qualité ; il y en a de deux espèces : le blanc, qui est d'une couleur jaunâtre, et le rouge, qui est d'une couleur rougeâtre. Étant mûrs plus tôt que les autres, ils se détachent quelquefois seuls des ceps et pourrissent facilement ; leur vin est d'abord très doux, mais il ne se garde pas bien, à moins que leurs cépages, grossiers, soient placés dans des vignobles inférieurs et élevés ; leur production est assez abondante. On les taille à trois ou quatre boutons.

La Chailloche est un gros raisin blanc ; les grains sont un peu pressés par leur rapprochement ; il donne du vin en assez bonne qualité ; son cépage, grossier, produit abondamment et vient dans plusieurs vignobles. On le taille à trois boutons.

Le Raisin d'Alexandrie est d'un blanc verdâtre ; ses grappes sont très grosses, et les grains également très gros et oblongs ; son cépage, grossier, aime les bons vignobles. Comme il produit abondamment, il faut souvent l'appuyer. On le taille à trois ou quatre boutons.

Le Saint-Pierre est un gros raisin blanc d'une qualité inférieure ; ses grains sont très gros et oblongs ; son cépage, grossier, aime les bons vignobles ; il s'élève très haut. On le taille à trois ou quatre boutons.

Le Saint-Émillon est un raisin un peu âcre, très long et d'une couleur jaune ; son vin se garde bien, étant vieux il est assez bon ; son cépage vient dans plusieurs vignobles et s'élève peu au-dessus de la terre. On le taille à trois boutons.

La Daune est encore un raisin blanc recherché par son goût. Comme il est un peu précoce, il se consomme à table. Étant bien mûr, il est d'une couleur rougeâtre. Son cépage produit assez abondamment et vient dans beaucoup de vignobles. On le taille à trois ou quatre boutons.

Le Chasselas est un beau raisin blanc que l'on cultive en treille avec soin dans les jardins ; il y en a aussi de couleur rouge ; ils ne sont pas bien bons pour le vin. Comme ces raisins sont précoces, ils se consomment à la table. Leurs cépages, grossiers, produisent abondamment et viennent dans plusieurs vignobles On les taille à deux ou trois boutons.

La Panse-Musquée est un gros raisin blanc, d'un goût muscat ; ses grains sont oblongs ; on le cultive en treillage. Son cépage vient dans plusieurs vignobles et se taille à trois ou quatre boutons.

Le Meunier est un raisin noir d'une qualité inférieure ; son vin ne se garde pas bien ; son cépage, robuste et grossier, vient dans plusieurs vignobles ; il produit abondámment et coule rarement. On le taille à trois ou quatre boutons.

Le Gamai est un gros raisin noir d'une qualité inférieure ; il craint peu la gelée et la coulure ; son cépage, grossier, produit abondamment et vient dans plusieurs vignobles. On le taille à trois boutons.

Le Blanc-Limousin est un gros raisin d'une qualité inférieure ; son cépage, grossier, produit abondamment et vient dans plusieurs vignobles. On le taille à trois boutons.

Le Gouais est un raisin d'une qualité inférieure ; son cépage, grossier, produit abondamment et vient dans plusieurs vignobles. Il se taille à trois boutons.

Le Frontignan blanc est un assez bon raisin pour le vin ; son cépage produit beaucoup et vient dans plusieurs vignobles On le taille à trois boutons.

Le Bordelais est aussi d'une assez bonne qualité pour le vin ; son cépage, assez abondant, vient dans plusieurs vignobles et se taille à trois boutons.

Le Roussillon noir est d'une bonne qualité pour le vin ; son cépage produit passablement et vient dans plusieurs vignobles. On le taille à trois boutons.

C'est aux propriétaires de connaître la puissance végétative de leurs vignobles, afin d'y planter les cépages les plus avantageux, c'est-à-dire des cépages capables de leur produire le plus de bénéfices.

Bien que les cépages fins ne rapportent pas tout à fait autant de vin que les cépages grossiers, les propriétaires auraient plus de gain de ne planter que des fins cépages, en ce que la bonne qualité du vin vaut toujours plus que la mauvaise quantité.

Mais pour obtenir ces excellents vins, ce n'est pas assez de ne planter que des fins cépages, il faut aussi les bien cultiver. S'il y a plusieurs fins cépages qui se font mépriser pour ne pas produire assez, c'est parce qu'ils sont mal cultivés. Il faut remarquer que tous les cépages portent abondamment leur plus beau fruit aux boutons terminaux de leurs sarments. Plusieurs cépages grossiers portent du fruit à tous leurs boutons, même aux plus rapprochés de leurs souche; qu'ils soient taillés long ou court, on est assuré d'avoir du fruit. Mais plusieurs fins cépages, tels que le Pineau et autres, ne portent presque pas de fruit à plusieurs des boutons rapprochés de leurs souches; c'est ainsi que plusieurs vignerons, taillant court, n'en obtiennent pas de fruit.

Le moyen d'obtenir presque autant de fruit des fins cépages que des grossiers est de cultiver les vignes sur lignes basses et sur souches, en dirigeant leur végétation par des branches à fruit et des branches à bois, comme on fait dans le haut Médoc. Par ce moyen efficace on est assuré d'obtenir presque autant de fruit des fins cépages que des grossiers, en ce que c'est la partie fructueuse des sarments qui produit le fruit. En outre, les vrilles de la vigne prouvent qu'elle veut être souvent soutenue et palissée, mais sans ombrage, principalement les cépages que l'on taille longs.

La culture du provignage et recouchage est encore un moyen d'obtenir presque autant de fruit des fins cépages que des grossiers, en ce que c'est encore la partie la plus fructueuse des sarments qui produit le fruit ; mais étant trop près de terre, les raisins sont plus tôt mûrs, plus mous et pourrissent plus facilement. Le vin n'est pas si bon, ni si corsé, ni aussi résistant que s'il était récolté sur souche

Choix des Crossettes et des Boutures.

Les crossettes sont des plants de vignes possédant un peu de vieux bois aux pivots ; les boutures sont également des plants de vignes qui n'ont point de vieux bois aux pivots.

Les saisons, les lieux, l'aspect plus ou moins sain des ceps sont à considérer dans le choix des crossettes et des boutures. C'est dans le mois de février ou dans les premiers jours de mars, quelques jours avant que la sève se mette en mouvement, dans un terrain assez élevé et sans ombrage ; si l'on peut réunir toutes ces conditions ; et sur les ceps les plus sains, les plus vigoureux et d'une bonne espèce, qu'il faut les prendre.

C'est-à-dire qu'il est aussi avantageux de choisir les plants sur les plus fins cépages, afin d'en obtenir d'excellents vins fins, très alcooliques, capables de bien conserver leurs qualités, et que l'on vend facilement et très cher ; tandis que si l'on choisit les plants sur des cépages grossiers , on n'obtient que des vins inférieurs, pas aussi alcooliques , qui ne peuvent souvent pas conserver leurs qualités, que l'on vend difficilement et à bon marché.

Il est vrai que l'exposition et surtout les terroirs et la température ont beaucoup de part dans les qualités des vins, car les différentes années nous le prouvent : celles qui se comportent chaudes et sèches produisent de meilleurs vins par les mêmes cépages que celles qui se comportent fraîches et pluvieuses ; mais les espèces des différents cépages ont aussi part dans les qualités des vins.

Les graves de Bordeaux, et surtout les terroirs du Médoc, sont de très bons crûs où l'on récolte d'excellents vins fins ; mais il faut considérer que les intelligents vignerons de la Gironde plantent aussi beaucoup de fins cépages, tels que les Carbenets-Sauvignons, etc.

La Bourgogne et la Champagne sont aussi de bons crûs où l'on récolte des vins fins et excellents ; mais leurs prévoyants vignerons plantent aussi beaucoup de fins cépages, tels que Pineaux, etc.

Les crûs de Sauterne, de Chablis, occupés par de bons cépages, produisent aussi d'excellents vins blancs. Thomery produit pour nos tables, par son terroir et ses cépages, les raisins les plus recherchés, les plus riches en sucre et les plus délicats en parfum. Les coteaux de Suresnes, d'Argenteuil et plusieurs autres sont aussi très propres à la vigne.

Le Cap, la Navarre, Madère, Alicante, Malaga, Auxerre, Xérès, etc., sont aussi d'excellents terroirs occupés par de bons cépages et qui produisent d'excellents vins

Si nous avons plusieurs autres bons crûs qui produisent des vins inférieurs, c'est souvent parce que l'on y plante trop de cépages grossiers.

Revenons au choix des crossettes et des boutures.

Les sarments les plus vigoureux de chaque cep et d'une moyenne grosseur, bien aoûtés, qui ont les mamelons les plus rapprochés, sont préférables, en ce qu'ils ne sont pas trop moelleux, forment le plus de racines et ne peuvent recevoir de trop larges plaies. Néanmoins, les plus gros sarments des ceps sains sont aussi propres à la régénération ; ils sont en quelque sorte préférables, en ce qu'ils ont plus de force que les petits.

Les ceps qui sont restés quelques années sans être taillés fournissent aussi des plants bien sains. Les sarments d'une saine et vieille vigne offrent plus de garantie pour la durée du plant régénéré que les sarments d'une saine et jeune vigne ; cependant ces derniers étant plus tendres, ayant leurs pores plus ouverts, sont susceptibles de se développer plus facilement et avec plus de rapidité que les autres; étant bien traités, ils sont aussi passablement bons et reprennent mieux que les plants de vieilles vignes. Ainsi, si l'on veut hâter l'élévation de la vigne, il faut choisir de gros plants de jeunes vignes. Si l'on ne peut pas s'en procurer assez par soi-même, il faut employer ses voisins et ses amis, sans aucune crainte, car les bons plants ne sont pas chers; ils valent ordinairement 5 francs le mille.

Le choix fait, les crossettes et les boutures doivent être taillées de manière qu'étant plantées de 25 à 30 centimètres de profondeur environ, elles ne présentent qu'un bouton au-dessus de la terre, ce qui suffit pour absorber la séve des plants dans la première année de leur plantation. Pour les crossettes, il faut s'abstenir de couper la moelle et les pores ligneux et vitaux par les bouts qui doivent servir de pivots, cela rendrait la vigne plus sensible et débile ; il faut, au contraire, leur conserver un talon formé d'une portion d'un centimètre et demi environ du courson de l'année précédente, ce qui est toujours facile à obtenir dans des vignes à coursons libres. Ce talon, prenant racine le premier, conserve sain et vigoureux le pivot du cep, qui doit être fixé au point de bifurcation du sarment. Il faut que le sarment soit coupé un peu en biseau avec un instrument tranchant.

Il faut considérer que la moelle des sarments est articulée à chaque mamelon par les boutons au-dessous et au ras de ces derniers; malgré cela, le bois n'a presque pas d'articulation ; ses mêmes pores et ses mêmes lignes existent et se correspondent d'un bout à l'autre des sarments.

Les racines se forment ordinairement aux

mamelons, mais elles se forment aussi entre les mamelons et au vieux bois.

Un sarment bien sain est toujours propre à la régénération de la vigne ; mais, comme je l'ai dit précédemment, pour fixer et conserver sain et vigoureux le pivot des ceps, qui offre des avantages à la vigne, on doit en préférer le gros bout au petit, c'est-à-dire l'extrémité la plus basse à la plus élevée, parce que les mamelons y sont plus rapprochés, et que là il y a plus de séve et de vitalité qu'à la partie opposée. Or, comme les crossettes et les boutures souffrent toujours un peu avant d'avoir pris racine, celles qui ont le plus de séve et de force résistent naturellement mieux, reprennent plus tôt que les autres et forment plus de racines. C'est encore pour cela que les gros plants sains sont souvent préférables aux petits. Cependant le petit bout du sarment est plus flexible que l'autre, il a ses boutons plus gros et plus fructueux, les pores plus ouverts, et est plus susceptible de se dilater, pourvu qu'il ne soit pas détaché ; mais l'expérience prouve que s'il est planté détaché du gros bout, étant alors beaucoup plus sensible, il périrait s'il n'était pas butté ou élaboré à la végétation.

Les boutures, qui doivent être plantées comme les crossettes, ne se taillent pas comme ces dernières, en ce que leurs pivots sont fixés différemment. En effet, au lieu de fixer le pivot des ceps entre deux mamelons, comme le font actuellement beaucoup de vignerons pour planter la vigne en boutures, il vaut mieux le fixer à l'articulation de la moelle ; c'est-à-dire, au lieu de rogner les boutures entre deux mamelons, il faut les rogner un peu en biseau, au ras du mamelon, à l'articulation de la moelle. Là sont susceptibles de se former des racines. Si ces dernières s'y formaient de suite, ce qui arrive souvent, la vigne, quoique sensible et un peu attaquée, serait assez bien régénérée dès son pivot, qui se constituerait assez bien, pourvu que les boutures fussent bien choisies ; mais comme l'attaque des coupes se prononce souvent avant les racines, il est préférable, pour la durée des vignes, de fixer le pivot des ceps au point de bifurcation et de le protéger par un talon.

Pourtant, si l'on veut fixer le pivot des ceps à l'articulation de la moelle des mamelons, il faut qu'il soit assez rapproché du point de bifurcation.

Les plants désarticulés au point de bifurcation ne valent pas non plus ceux qui ont un talon.

Les crossettes ayant le talon si court et les deux coupes de ce dernier si rapprochées, ce talon ne peut faire que de se corrompre un peu, principalement celui du chevalier, qui l'est un peu d'avance ; mais cette corruption ne peut avoir aucune influence fâcheuse sur le plant; n'étant pas renfermée, elle se dissipe librement par les coupes, sans rien attaquer. En outre, la moelle et les pores du talon sont dans une direction contraire à ceux du plant. De plus, il y a une assez forte portion de bois saine et vigoureuse entre le talon et le plant. C'est par cette portion de bois que s'incorporent au talon la moelle et les pores du plant, ce qui fait que la séve du talon produite par les racines circule librement dans le plant, et par suite le talon se rétablit passablement.

L'écorce extérieure des crossettes et des boutures, dure et altérante, s'oppose un peu aux influences de la terre et de l'eau; il serait donc d'une faible importance qu'elle fût ôtée aux parties qui doivent être enfouies, ce qui serait pourtant facile à faire après qu'elles auraient resté quelques jours dans la terre.

Stratification des Crossettes et des Boutures.

Si l'on ne peut pas planter les crossettes et les boutures dès qu'elles sont choisies, au mois de février ou dès les premiers jours de mars, ce qui serait avantageux en les buttant, on doit les faire élaborer à la végétation avant de les planter au mois d'avril ou mai, car celles qu'on a employées sans cette préparation et qu'on n'a pas buttées sont privées de séve. Ayant un bout exposé à l'air, elles forment peu de racines et deviennent langoureuses, débiles, et souvent meurent, tandis que celles pour lesquelles on a pris ces précautions n'éprouvent presque pas de langueur ; pourvu qu'elles soient arrosées au besoin et légèrement couvertes de terre dès leur plantation, elles forment beaucoup de belles racines et leur réussite est hâtive et parfaite.

En conséquence, dès que les crossettes et les boutures sont choisies et rognées avec les soins que j'indique, on les met immédiatement élaborer à la végétation entre deux couches de terre végétale bien meuble, assez fertile, un peu essorée et sans aucun ombrage ; on les range de manière à ce que la terre les touche et les couvre partout au moins de 16 centimètres. Elles doivent être inclinées de telle sorte que la tête soit un peu plus élevée que le pivot. On fait stratifier les crossettes et les boutures dans le même terrain où elles doivent être plantées ; le terrain léger et sablonneux est le meilleur. Toutefois, il est plus avantageux de faire stratifier les plants de vignes dans un terrain inférieur en qualité à celui dans lequel on doit les planter. Si l'élaboration est trop lente et souffre par la froideur de la terre, on arrose cette dernière avec de l'eau un peu tiède. Si la terre est assez chaude et que la sécheresse soit excessive, on humecte la terre de temps à autre sans faire tiédir l'eau.

Les crossettes et les boutures ne doivent pas rester trop longtemps à l'élaboration; on les plante aussitôt que leurs pores sont remplis de séve et que les mamelons commencent un peu à rayonner, en ayant soin d'examiner auparavant si les bouts qui doivent servir de pivots ont des rayons un peu apparents. Quant aux bourgeons, ils se développent toujours avant l'apparition des racines. Quoique le Balzac noir soit assez délicat, il s'élabore et prend vie plus facilement que la Folle blanche.

Terroirs propres à la Vigne.

Tous les terrains assez altérés d'eau et bien exposés et aérés sous une température assez chaude sont en grande partie propres à la vigne , principalement les calcaires , les siliceux , les alumineux , les magnésiens , les composés de matières volcaniques, etc.

Les qualités et la durée de la vigne dépendent souvent du genre de plantation et du sous-sol adjacent, et non pas d'une grande quantité de terre végétale. J'ai vu souvent d'excellentes vignes en allées dans des calcaires et sur des rochers fisseux , sur lesquels il y avait à peine deux centimètres de terre végétale. J'ai aussi vu souvent de chétives vignes en plein dans des terrains où il y avait plus de deux mètres de terre végétale.

Les meilleures vignes et qui durent le plus longtemps sont ordinairement celles qui sont en allées et qui occupent des vignobles excellents en calcaires ou en terre végétale solide, et qui n'ont jamais été fouillés ni défoncés.

Néanmoins, si le terrain et son sous-sol étaient très mauvais, il serait nécessaire

4

avant d'y planter la vigne qu'il fût défoncé et fertilisé par des engrais, des composts, ainsi que de bonnes terres rapportées, qui sont aussi très favorables à la vigne.

Lorsque le terroir est trop froid, il est utile de le chauler avant de le planter en vigne ; si au contraire le terrain était trop chaud, il serait nécessaire de le marner avant d'y planter la vigne.

Si le terroir était trop humide, il serait nécessaire de l'assainir par le drainage avant de le planter en vigne. Pourtant, on voit de bonnes vignes dans de bons vignobles calcaires, et sur lesquels l'eau des sources croupit l'hiver pendant les excès de pluies. On voit aussi des vignes chétives dans des vignobles calcaires faibles et altérés.

Il faut aussi qu'un terrain soit un peu épuisé de culture et d'engrais pour y planter la vigne ; car, d'après l'expérience, il y a plus d'avantages à planter la vigne dans un terrain un peu épuisé de culture et d'engrais que dans un terrain reposé et trop amendé. C'est-à-dire qu'un terrain d'un long repos est passablement bon pour la plantation de la vigne ; mais un terrain de cinq à six ans de repos, ayant été occupé par un sainfoin, une luzerne, etc., est trop corruptible pour y opérer la plantation de la vigne de suite. Il faut d'abord l'épuiser un peu par une culture de plusieurs années en maïs, blé, etc., avant de le planter en vigne.

On voit souvent des vignes plantées dans des terrains reposés par des sainfoins pousser d'abord très vigoureusement, puis mourir au bout de huit ou dix ans, soit qu'on leur donne une mauvaise direction de taille en commençant, etc., ou que le terrain soit corruptible, ou que les vers rongent leurs racines et leurs troncs, etc.

Dans tous les cas, il faut toujours, par un beau temps et une terre essorée, labourer parfaitement et assez profondément les terrains, afin de détruire le chiendent, les ronces, etc., avant de les planter en vigne.

Influence des Engrais pour ou contre la Vigne en la plantant.

Le marc pourri est préférable à tous autres amendements pour la régénération de la vigne ; mais il vaudrait mieux ne pas amender la vigne en la plantant que de l'amender trop, principalement si c'était avec du terreau. Les forts amendements de terreau, de fumier, de purin et d'eau parmi laquelle on aurait démêlé des fientes de volailles bien pourries, sont très favorables à la végétation de la vigne ; mais on ne doit les employer que quelques années après sa régénération. L'engrais doit être enfoui dans des fossées ou raies de 25 à 30 centimètres environ, entre les

rangs de vigne ; il est aussi favorable à sa végétation étant parmi la terre végétale labourée, mais il ne dure pas si longtemps que dans
des fossés, en ce que les herbes l'absorbent
rapidement. En effet, les racines de la vigne
n'aiment la fumaison qu'après leur reprise ;
les crossettes et les boutures n'aiment pas
non plus l'engrais pour leur reprise ; on ne
doit même pas arroser les crossettes et les
boutures avec du purin en les plantant. Pour
quoi, si l'on veut employer le marc pourri, le
fumier et le terreau pour planter la vigne afin
qu'elle se développe rapidement et végète
beaucoup, il faut les mettre au fond des trous
ou des fossés destinés à planter la vigne et
les couvrir d'une couche de terre végétale ;
de sorte que les crossettes, les boutures et
les marcottes doivent toujours être plantées
dans la terre végétale pure, un peu essorée,
et ne présenter qu'un bouton au-dessus de la
terre. Les plants non racinés doivent être cou-

verts légèrement de terre. Il est prudent de ne pas planter la vigne dans l'engrais, en ce que ce dernier, en contact avec les plants, est contraire à leur reprise. D'ailleurs, l'engrais n'assainit point le naturel des vignes, il ne contribue qu'à leur végétation, sans altérer la qualité des raisins; on ne devrait l'employer pour les vignes que lorsque ces dernières ne végètent pas assez, ou pour fertiliser de mauvais terroirs. Néanmoins, l'eau rouillée et le sulfate de fer assainissent et vivifient les racines de la vigne et les sarments.

Genres de Plantations.

Il serait très avantageux de planter les vignes en allées d'un ou deux rangs de ceps, elles seraient beaucoup plus fortes et vigoureuses, et produiraient plus de vins sans engrais que si elles étaient plantées en plein.

Il ne faut pas planter les ceps trop près l'un de l'autre, car, étant trop gênés, ils ne peuvent pas atteindre un grand développement.

Malgré que les vignes en allées exigent peu d'engrais, il ne faut pas cesser pour cela de fumer au besoin les allées de champs arables, que l'on doit bien cultiver pour favoriser les récoltes que l'on y met, afin que la vigne en profite aussi.

Les allées de vigne de deux rangs de ceps doivent être séparées par des allées de champs de 3 ou 4 mètres de large, à mesurer au ras des ceps ; ces derniers doivent être distants l'un de l'autre au moins de 1 mètre au carré sur tous sens.

Les allées de vigne d'un rang doivent être séparées par des allées de champs de 2 mètres de large au moins, à mesurer au ras des ceps ; ces derniers doivent être distants l'un de l'autre en ligne longitudinale de 1 mètre 33 centimètres ; les ceps de chaque rang doivent être vis-à-vis l'un de l'autre, en forme de rectangle parfait.

Néanmoins, si l'on ne devait pas fumer et bien cultiver, en blé et autres récoltes, ces petites allées de champs de 2 mètres de large entre ces rangs de vigne, ce qui est en effet un peu étroit, ce dernier genre de planter la vigne serait considéré comme en plein. Quoique passablement fructueuses, ces allées d'un rang de vigne ne rapporteraient pas autant que si elles étaient séparées par des allées de champs de 3 ou 4 mètres au moins de largeur et fumées au besoin pour d'autres récoltes.

On voit par les plantations qui précèdent que la vigne en allées n'occuperait à peu près que le tiers des vignobles. Nous rapportant plus de vin, nous supprimant beaucoup d'engrais et les deux tiers de culture viticole, et nous rapportaut beaucoup d'autres récoltes de plus dans les allées de champs, il serait donc pour nous un grand avantage de planter les vignes en allées.

Il ne faut presque pas fumer les vignes en allées pour les faire pousser assez, elles végètent beaucoup plus que les vignes en plein. J'ai souvent vu dans un même vignoble d'une qualité médiocre quatre rangs de vigne en allées, sans engrais, rapporter plus de vin que vingt rangs de vigne en plein, aussi sans engrais.

Les vignes en plein, jeunes et vieilles, donnent généralement, en moyenne, 18, 24 et rarement 30 hectolitres de vin par hectare, tandis qu'en allées elles rapportent généralement en moyenne 90, 100, 110 hectolitres de vin par hectare. On voit même des allées de vigne dans d'excellents vignobles, en bonnes années, rapporter jusqu'à 160 et 180 hectolitres de vin par hectare occupé par les allées de vigne; c'est-à-dire que sur un vignoble de trois hectares plantés en allées de vigne, il n'y en a seulement qu'un hectare occupé par la vigne et les deux autres par les allées de champs.

Les ceps des vignes en plein doivent être distants l'un de l'autre de 1 mètre au moins, 1 mètre 33 centimètre ou 1 mètre 50 centimètres au carré, sur tous sens ; c'est-à-dire que les rangs de vigne, s'il est possible, doivent se diriger carrément du sud au nord et de l'est à l'ouest.

Mais je ne désapprouve pas les rangs de vigne plantés du sud au nord, et dont les ceps sont en lignes transversales, c'est-à-dire en biais, chaque cep planté vis-à-vis le milieu des deux autres ; ils sont moins près.

Plusieurs propriétaires se ruinent en persévérant à faire cultiver une trop grande quantité de faibles et vieilles vignes en plein, en ce que les revenus souvent ne suffisent pas pour payer la main-d'œuvre. Ces vieilles vignes occupant des terrains trop faibles, exigent des amendements ; si l'on ne peut pas y satisfaire par des engrais, il faut les réduire en allées d'un ou deux rangs. Je suppose que ce soit de deux rangs : on ménage deux rangs de vigne et on arrache les deux autres ; ainsi de suite jusqu'à la fin ; puis on pratique à la charrue ou à la pioche de petits fossés à 35 centimètres de distance, le long des rangs de vigne restant, et de 25 à 30 centimètres de profondeur et 15 à 20 centimètres de largeur, on y enfouit des engrais et la vigne se rétablit ; en outre, on fume au besoin les allées de champs et on les cultive en maïs, pommes de terre, blé, etc. Voilà ce qui donne de l'air et alimente ces vieilles vignes, à les faire fructifier passablement pendant longtemps, occuperaient-elles de faibles terrains. Si l'on mettait le fumier parmi le labour de la vigne et des allées de champs, on n'aurait pas de frais de fossés à payer et la vigne se rétablirait également, mais plus lentement ; il faudrait aussi plus de fumier, en ce que ce dernier n'aurait pas tant d'influence pour la vigne que dans des fossés ou raies, et fumer souvent, parce que l'engrais serait absorbé plus par les herbes que par la vigne.

Les fossés de 30 centimètres de profondeur et de 15 à 20 centimètres de largeur, faits à la pioche, coûtent ordinairement 5 centimes par 33 centimètres dans le calcaire, et 2 ou 3 centimes par 33 centimètres dans la terre végétale.

Lorsqu'il n'y a pas de rochers ni de calcaire, ces petits fossés coûtent beaucoup moins en les faisant à la charrue, et on recouvre aussi l'engrais à la charrue. Par ce moyen on peut aussi fumer les vignes en plein, en pratiquant de profonds sillons entre les lignes et déposant régulièrement le fumier et le recouvrant à la charrue de 15 à 18 centimètres de terre. La fumaison des vignes devrait avoir lieu aussitôt les vendanges faites. La quantité du fumier à employer varie selon les qualités des vignobles, soit un kilogramme par cep dans les meilleurs terrains, deux kilogrammes dans les terres médiocres et quatre kilogrammes dans les mauvais sols. Une telle fumaison peut durer au moins quatre ans.

Si les vieilles vignes manquaient d'un trop grand nombre de ceps, au lieu de les entreplanter, il vaudrait mieux les arracher, faire reposer le terrain par du sainfoin ou de la luzerne, et le replanter après l'avoir aussi occupé quelques années en maïs, blé, etc. Si l'on trouve ce temps trop long, qu'on veuille planter ce terrain aussitôt que ces vieilles vignes sont arrachées, il faut d'abord l'amender, soit par des terres rapportées, des engrais, etc., prévoyant que ce terrain est épuisé de culture et d'engrais.

Il est vrai que les jeunes vignes fructifient partout assez bien, qu'elles soient plantées en plein ou en allées, principalement en allées dans de faibles terrains ; mais il faut considérer que celles qui sont plantées en plein dans de faibles vignobles non amendés ne tardent pas à devenir faibles et infructueuses ; il n'y a que dans les meilleurs vignobles que les vignes en plein, jeunes ou vieilles, sont passablement vigoureuses. En conséquence, les meilleurs terrains pour la vigne doivent être plantés en plein, et les terrains d'une qualité inférieure et que l'on ne peut pas fumer doivent être plantés en allées d'un ou deux rangs. Il est aussi avantageux que les espèces de vigne les plus robustes, telles que la Folle blanche, le Rougelin et autres, occupent les terrains les plus faibles.

Première Plantation.

En conséquence, lorsque l'on veut planter la vigne dans de grands vignobles, on prépare le terrain et l'on trace au cordeau des routes et des carrés, ainsi que les rangs de vignes d'abord ; on fait les trous et l'on y plante les crossettes et les boutures dès la taille, aussitôt qu'elles sont choisies, ou dès qu'elles sont sorties de l'élaboration, parce qu'un retard pourrait les faire souffrir des injures de l'air. La plantation des plants stratifiés doit se faire au mois de mai ou plus tôt, si l'état des crossettes et des boutures l'exige, car la plantation de la première saison est la plus avantageuse, en ce que les plants résistent mieux aux chaleurs. Il faut, autant que possible, choisir un beau temps, une terre bien meuble, pas trop essorée, afin de la percer plus facilement.

Les trous qui doivent recevoir les crossettes et les boutures seront faits avec une barre ou un pieu en fer, dont le bout destiné à faire l'ouverture sera aigu et en forme de fuseau. Un homme peut en faire dans la terre pure

120 à 130 à l'heure, mais il n'en ferait pas autant dans du calcaire; ce serait selon la difficulté. Une personne peut aussi planter dans ces trous, selon la manière indiquée, 120 à 130 plants par heure. Ces trous auront environ 40 à 45 centimètres de profondeur. Si parmi le nombre il s'en trouvait quelques-uns dont le fond serait de terre glaise, d'argile, etc., et qu'ils fussent cimentés par le tassement du pieu avec lequel on les aurait faits, de telle sorte que l'eau ne pût y trouver son écoulement, il arriverait que cette eau croupissante noierait et tuerait le pivot des plants. Si l'on connaissait des trous dans de telles conditions, il serait nécessaire de détasser leur fond en l'élargissant avec une vrille avant d'y planter les crossettes et les boutures.

Il est assez bon et souvent plus accommodant de planter dans les trous aussitôt qu'ils sont faits; mais il serait un peu plus favora-

ble à la vigne que les trous fussent faits plusieurs jours avant la plantation, afin que l'intérieur puisse se mettre en harmonie avec la
température de l'air, condition favorable à la
vie des plants. De plus, si le temps est sec,
l'air aura fait fendre les trous intérieurement
en plusieurs endroits, ce qui favorisera l'en-
racinement des plants; s'il a plu, la pluie
aura formé au fond du trou un petit réservoir
d'eau dans lequel se sera déposée un peu
de terre fine, ce qui favorisera l'enracine-
ment du pivot. Il faut, en outre, émietter de
la meilleure terre végétale du même terrain,
et l'on en met, y compris celle qu'il y a d'a-
vance, à peu près 15 centimètres au fond de
chaque trou avant de planter la crossette ou
la bouture. On doit se garder de tasser trop
la terre en plantant, car cet excès de tassement est contraire au travail de la nature et
blesse parfois les plants. On finit de remplir
les trous avec de la terre végétale, que l'on a

soin de tasser un peu, afin de saisir les plants et qu'ils ne se dérangent pas en les labourant ; on doit faire ce tassement avec un bâton de 50 à 60 centimètres de long et ayant le bout un peu pointu. On rogne de suite avec le sécateur les plants qui en ont besoin, sur le bouton le plus rapproché de terre, afin qu'il ne présente qu'un œil au-dessus de la surface du sol ; on les ratisse et on les nettoie proprement. S'il ne pleut pas immédiatement, ce qui serait très nécessaire, on versera sans la pomme de l'arrosoir, à chaque plant, un litre d'eau au moins. On couvre les plants de 2 centimètres de terre, ce qui contribue encore beaucoup à leur reprise et les protége des intempéries. Le tassement modéré et surtout l'arrosage et le buttement aux mois d'avril et mai sont très avantageux à la reprise de la vigne dans la première année de sa plantation, en ce que cela la met en contact favorable avec la terre dont elle a besoin. Voilà une première plantation qui est excellente; on peut la pratiquer avec confiance. Les crossettes et les boutures ainsi plantées prennent parfaitement racine dès leurs pivots la première année, sans trop souffrir, et font une quantité de belles racines.

Deuxième Plantation.

Dès que les crossettes et les boutures ont été choisies et rognées avec les soins que j'indique ci-dessus, il est des plus avantageux, au mois de février ou dès les premiers jours de mars, de les planter de suite, selon les moyens que j'emploie dans la précédente plantation des derniers jours d'avril ou des premiers jours de mai, à l'exception de l'arrosage et de l'élaboration du plant. Cette plantation faite, on ravale les plants qui en ont besoin avec le sécateur sur un seul bouton, le plus rapproché de la terre ; on les ratisse, on les nettoie proprement et on les butte, c'est-à-dire que l'on couvre légèrement le plant de terre d'une épaisseur de 2 centimètres, ce qui contribue beaucoup à sa reprise et le protége des intempéries. On n'a pas la peine de l'arroser, ce qui est très avantageux, et il élabore parfaitement en demeure.

Cette deuxième plantation est souvent meilleure et coûte moins que la première ; on peut la pratiquer avec confiance.

Troisième Plantation.

Quant à la troisième plantation, elle consiste à choisir des crossettes et des boutures dès que les sarments ont atteint leur parfaite constitution et qu'ils sont mûrs, soit après vendange, en octobre ou novembre. On met de suite stratifier ces plants en-

tre deux bonnes couches de terre végétale,
et on les plante l'année d'après, en février,
mars ou avril, sans les arroser ; on les ravale
au sécateur sur un seul bouton, le plus rapproché de la terre ; on les couvre d'une couche
de terre d'une épaisseur de 2 centimètres.

Quatrième Plantation.

Je dirai aussi que les terrains défoncés et
amendés, les carrières remblayées sont d'a-
bord très favorables à la végétation de la vigne ; mais le sous-sol étant trop meuble, la
vigne n'est pas d'une aussi longue durée.
Quand on veut la planter à peu près dans ces
conditions, on peut obtenir des avantages
presque équivalents en végétation et des vignes assez durables en pratiquant des fossés
d'environ 25 centimètres de largeur et de 35
à 40 centimètres de profondeur seulement,
qu'on laisse ouverts pendant quelques jours,

afin qu'ils puissent s'imprégner des sels de
l'air en s'harmonisant avec la température et
qu'ils soient arrosés par la pluie, si le tout
est possible. On ajoute au fond une couche de
terre végétale et l'on y plante, en les inclinant
vers le pivot et en laissant un bouton au-dessus de la surface de la terre, des sarments
d'un mètre de longueur environ, que l'on a
fait élaborer auparavant comme les crossettes
et les boutures dont nous parlons plus haut,
avec des pivots bien fixés et bien apparents
en rayons ; on finit de remplir les fossés par
une autre couche de terre végétale, et l'on
couvre un peu les plants en les buttant de
cette même terre. On peut aussi faire cette
plantation sans que les sarments soient éla-
borés, mais il faut aussi les butter et les couvrir de suite d'un peu de terre, afin qu'ils éla-
borent en demeure, ce qui est souvent avantageux et moins coûteux. Si l'on emploie de
l'engrais pour cette plantation, il faut le met-

tre au fond des fossés et ajouter une couche de terre par-dessus, de manière à planter toujours entre deux couches de terre végétale un peu essorée. On doit s'abstenir, en plantant ces sarments presque entiers, de les couder trop court, car une pareille arqueure les contrarirait de telle sorte, que des crossettes et boutures plantées droites, dans leur direction naturelle, seraient préférables. C'est par une telle plantation que je suis parvenu à obtenir des vignes qui dès la première année ont poussé des sarments d'un mètre de longueur et quelques petits raisins; à trois ans leur végétation était aussi forte que celle d'une vigne ordinaire de dix ans. Cette méthode offre des avantages, en ce que les sarments, prenant racine à un grand nombre de mamelons, fournissent une quantité de séve capable d'entretenir un grand développement. On commence à les tailler comme les crossettes et les boutures. Cette plantation se fait aux mêmes époques que pour ces dernières.

On peut encore planter verticalement dans ces fossés, préparés comme nous venons de le dire, des crossettes ou des boutures en les couvrant d'un peu de terre.

On peut aussi planter dans ces mêmes fossés des plants enracinés qu'on obtient par des crossettes ou des boutures en pépinière. Cette dernière plantation doit avoir lieu aux mois de novembre, décembre ou février, par un vent du nord et une terre un peu essorée, s'il est possible.

On peut encore planter, aux mêmes époques et dans les mêmes conditions de temps et de terre que pour la plantation précédente, des marcottes ou chevelures bien racinées, qu'on obtient en enfonçant dans la terre végétale des sarments non détachés du cep. La manière de faire raciner des sarments avant de les détacher du cep est très simple : on couche le sarment dans la terre, en ayant soin de laisser sortir l'extrémité opposée au cep ; quant à celle qui y est attachée, elle est naturellement hors de terre. Le sarment étant ainsi disposé, on couvre sa partie centrale de terre végétale, plutôt sèche que trop humide, prise sur la surface du même terrain, et on laisse faire la nature. Si ces sarments sont de la même année, ils doivent être enfouis au mois de juin ; mais s'ils sont de l'année précédente, on doit les enfouir dès le mois d'avril ou de mai. Ces marcottes doivent être bien saines et leurs pivots fixés à l'articulation de la moelle, comme les boutures ; elles ne souffrent pas autant que les crossettes et les boutures en les plantant, parce qu'elles sont favorisées par leurs racines dès leur plantation, qui est souvent avantageuse.

Cette plantation de marcottes peut se faire avec des engrais, tels que le marc pourri ou autres, qu'on place dessous la plantation, qui doit toujours se faire entre deux couches de terre végétale. On commence à les tailler comme les crossettes et les boutures.

Cinquième Plantation.

Si l'on plante la vigne dans le mois de novembre ou décembre, il est nécessaire que les crossettes et les boutures soient entièrement buttées de terre, à peu près de 4 centimètres au-dessus des plants, et vers la fin de mai on les débutte d'un bouton, en leur donnant un parfait labour. Cette plantation est assez bonne et ne s'arrose pas.

Sixième Plantation.

Jusqu'à présent, je n'ai parlé de la régénération des vignes que par la plantation des

crossettes, boutures, marcottes, etc Il y a
d'autres moyens; elle peut s'opérer également
ment par les pépins. Cette manière réussit
très bien pour la durée, en ce que le germe
formant le jeune cep est dépourvu de toute
attaque; mais on risque d'avoir des variétés
dans les espèces, parce que les étamines
sont souvent dérangées par les insectes; de
plus, leur fructification est tardive. Ajoutons
que l'extrême délicatesse du plant à sa naissance exigeant les plus grandes précautions
dans sa culture, on s'expose, en opérant par
les pépins, à n'avoir que des vignes vierges,
qu'il serait avantageux de féconder par la
greffe.

Je dirai, toutefois, que pour régénérer les
végétaux par leurs pépins ou leurs noyaux,
il est essentiel d'attendre leur complète maturité avant de les cueillir, de laisser le fruit
sécher sur les pépins ou noyaux, ce qui
donne de la qualité à l'espèce, et, si on le

peut , de planter les fruits avec leurs pépins ou noyaux. De cette manière , il n'y a pas autant de variétés dans les espèces. Le fruit des végétaux n'est pas seulement pour nous servir d'aliment, mais aussi pour conserver et bonifier leurs graines.

La reprise générale et parfaite des crossettes et des boutures dès la première année de leur plantation étant une des principales conséquences pour la régénération de la vigne , il est plus avantageux de ne pas planter une aussi grande quantité de vigne la même année et de la planter mieux. Il serait utile de supprimer les racines et l'ombrage des arbres, qui s'opposent beaucoup à la réussite des plants, car ils prennent vie difficilement dans les racines et à l'ombre. On devrait aussi ne rien mettre dans des plants de vigne , ni pommes de terre, ni maïs, ni betteraves, etc.; ensuite les labourer fréquemment, soit à la charrue et à bras, ou à billons, le premier labour à une profondeur de 8 centimètres environ, et les autres binages à plat et plus légers, et toujours dans une terre un peu essorée, ce qui leur serait très favorable. En outre, les labours détruisent les herbes, qui entretiennent des ombrages nuisibles.

Dès que le premier labour à billons est terminé, il serait bon pour prévenir la maladie de semer le long des rangs de jeunes vignes 22 kilogrammes environ de fleur de soufre par hectare et mettre au pied de chaque cep 2 grammes de sulfate de fer.

On doit bien faire attention en pratiquant les premiers labours de ne pas déranger les plants, ce qui s'opposerait à leur reprise, et de ne pas faire tomber les tendres bourgeons, en ce que cela occasionnerait souvent la mort des jeunes plants

Si l'on plante les vignes avec les soins que j'indique, il en manquera très peu, ce qui est le plus avantageux. Pourtant, s'il en manquait quelques plants, on pourrait les remplacer l'année d'après, aux mois de février et mars, en les buttant sans les arroser, ou en mai, par de nouvelles crossettes ou boutures un peu rayonnées, mais les arroser de suite et les couvrir d'un peu de terre. On pourrait aussi les remplacer par de nouveaux plants, frais et vigoureux, obtenus par des pépinières, ou par des chevelures également nouvelles et vigoureuses.

Néanmoins, les vieux plants de vigne qui ont végété faiblement, c'est-à-dire qui ont souffert dans le début de leur végétation, sont peu sensibles à la dégénération ; mais il faut considérer que leur dureté et leur vieillesse les rendent très lents pour atteindre un libre et grand développement ; c'est pourquoi les plantations les plus hâtives sont les plus avantageuses, telle que celle de février ou mars, ou celle de mai, faites selon mes indications.

Les pépinières pour obtenir des plants de vignes enracinés doivent occuper un terrain inférieur en qualité à celui dans lequel les plants doivent être plantés à demeure. Si le terrain des pépinières était meilleur que celui des vignobles, les plants, en les mettant en place, éprouveraient une contrariété qui leur serait désavantageuse.

Toutes lesdites plantations peuvent être dressées par des échalas sur fil de fer, si l'on veut ; mais je ne désapprouve pas non plus les vignes à coursons libres qui sont bien cultivées, quoiqu'elles ne seraient pas pincées, en ce que la séve circule plus librement.

M. J.-J. Hudelot, vigneron au Bout-du-Monde, commune de Beure, près Besançon (Doubs), publie le moyen de planter la vigne par le procédé suivant : « ... Ainsi, vers la fin « de mars 1860, j'ai coupé sans précautions « des boutons œilletons de vigne, en lais- « sant du bois de chaque côté (bois fait, mûr

« et non du bourgeon encore vert), juste de
« quoi soutenir ledit bouton, comme la co-
« que de l'œuf soutient celui-ci jusqu'à l'éclo-
« sion (comparaison qui rend ma pensée très
« exactement). J'avais donc des tronçons,
« sorte de noyaux, d'environ 0 m. 01 à 0 m. 02,
« que j'ai, immédiatement après les avoir
« coupés, répandus en rayon sur un sol
« aplani et propre à recevoir de la vigne ;
« puis je les ai recouverts légèrement de
« terre, comme on fait d'habitude pour les
« semis. Moins de deux mois après, je vis un
« certain nombre d'œilletons germer et se
« transformer en jeune vigne, qui en 1861
« fut déjà vigoureuse, et productive en 1862,
« c'est-à-dire à la troisième pousse, la pre-
« mière étant de 1860. »

Je ne désapprouve pas jusqu'à un certain
point le procédé de M. Hudelot, qui peut
avoir quelque mérite ; mais étant très délicat et sensible, il est évident qu'il exige

plus de soin que les autres ; il ne peut pas être plus précoce que ces derniers , qui sont plus robustes et moins sensibles. J'ai planté et butté de la vigne dans des fossés , à la saison de la taille , en crossettes et en boutures fumées par-dessous la plantation ; dès la première année elle a donné du vin et poussé des sarments d'un mètre de longueur ; à trois ans elle possédait un grand développement et produisait une grande quantité de vin.

M. Hudelot a raison de fixer le pivot des ceps de vigne aux boutons , endroit où le sarment se forme et nait ; c'est absolument la même chose que les crosettes , qui sont plus avantageuses.

Échalassage et Taille de la Vigne en échalas.

Toutes plantations peuvent être dressées et palisées par des échalas sur des lignes, à l'exception du recouchage et provignage en foule.

Le moyen assez efficace pour obtenir presque autant de vin des fins cépages que des grossiers, c'est de les cultiver sur lignes basses et sur souches, c'est-à-dire qu'on dirige leur végétation par des branches à fruit et des branches à bois, comme fait le haut Médoc. Chaque cep doit avoir au moins une branche à fruit et une branche à bois. Les branches à fruit doivent être attachées horizontalement près de terre avec du vime à une ligne de fil de fer galvanisé n° 10 ou à de petits échalas. On les rogne de manière à ne leur laisser pas plus de boutons que les ceps ont de force pour les bien entretenir de séve et les faire fructifier. Les pampres des branches à fruit doivent être indispensablement pincés au-dessus de leur sixième ou septième feuille et attachés avec des joncs à un cordon en fil de fer galvanisé.

Les pampres de la branche à bois doivent être maintenus verticalement en faisceaux contre un plus grand échalas, mais ils ne doivent pas être pincés. La branche à bois doit produire chaque année deux principaux sarments : l'un remplacera la branche à fruit, que l'on coupe chaque année à la taille sèche d'hiver ; l'autre sarment, taillé au-dessus de deux yeux, deviendra branche à bois et produira les deux sarments nécessaires pour l'année suivante.

Lorsqu'une plantation est destinée à être dressée sur des échalas, il est important d'attendre à la troisième ou quatrième année pour commencer à la tailler et à la dresser ; mais il est un peu plus accommodant de commencer à tailler les jeunes plants dès leur première pousse, à moins que les petits sarments n'auraient pas encore 10 centimètres de longueur. Si les petits sarments ont 10 centimètres de long, on les rogne avec un sécateur sur un bouton ; les sarments qui ont 20 centimètres doivent être rognés sur deux boutons, et les sarments qui ont 30 centimètres doivent être rognés sur trois boutons. On continue ce genre de taille jusqu'à ce que les jeunes plants aient la force de pousser chacun trois sarments bien capables de fructifier. C'est alors qu'on supprime le plus petit sarment ; on abaisse le mieux disposé des deux autres pour le fruit ; on l'attache horizontalement avec du vime à une ligne basse de fil de fer ou à un carosson, et on le rogne en lui laissant seulement deux ou trois boutons à fruit pour la première fois ; l'autre sarment doit être ravalé en courson sur deux boutons, afin de constituer la branche à bois que l'on attache plus tard au grand échalas.

Il faut deux piquets à chaque cep, un petit et un grand. Les petits échalas ou carossons coûtent à peu près 20 fr. le mille, et les grands échalas environ 30 fr. le mille.

Le fil de fer galvanisé n° 10 dure à peu près 18 ans ; il coûte 1 fr. le kilogramme ; il en faut environ 190 kilogrammes par hectare.

Le fil de fer et les échalas tout posés coûtent environ 790 fr. par hectare.

Quand les vignes en plein sont assez fortes, chaque cep ne peut avoir qu'une branche à bois et une branche à fruit, tandis que chaque cep des vignes en allées peut avoir deux branches à fruit et deux branches à bois. J'ai planté de la vigne en allées dans des fossés et fumés par-dessous la plantation, et à trois ans chaque cep aurait pu entretenir deux branches à fruit et deux branches à bois. En effet, les ceps de vigne bien régénérés en allées peuvent s'habituer facilement et avantageusement, dès leur jeunesse, à bien entretenir de séve deux branches à bois et deux branches à fruit, que l'on dirige l'une à droite et l'autre à gauche, en ayant soin de

ne laisser à ces dernières pas plus de boutons que chaque cep peut produire de sarments capables de bien fructifier.

Les petits échalas doivent être immobiles
jusqu'à ce qu'ils pourrissent ou cassent ; ils
doivent aussi être imprégnés de sulfate de
cuivre , ce qui est assez facile. Après qu'on
les a aiguisés et fait sécher, on fait tremper la
partie qui doit être enfoncée dans la terre
dans une solution de 2 kilogrammes de vi-
triol bleu par hectolitre d'eau de fontaine ou
de rivière. On coupe préalablement le bois en
séve , on l'écorce , on le fend au besoin, on
le forme en paquets , et lorsqu'on en a préparé
une certaine quantité , on le fait tremper pendant quatre jours dans la solution. Étant
ainsi préparé, le bois le plus tendre dure plus
que le chêne.

On peut aussi couper ce bois ; en hiver on
le fait un peu griller , on l'écorce , etc.

Ces petits échalas doivent être plantés solidement en ligne droite dans le milieu de l'intervalle de chaque cep, avoir de 50 à 60 centimètres de longueur et la tête plate; on les enfonce de façon qu'ils ne sortent de terre que de 35 centimètres environ au-dessus du niveau du sol. Leurs têtes ne doivent pas être plus hautes du sol les unes que les autres et porter à leur sommet un anneau en fer pour attacher le cordon en fil de fer galvanisé.

Les grands échalas sont mobiles et doivent aussi être imprégnés de sulfate de cuivre; ils doivent avoir environ 1 mètre 20 centimètres de longueur et être fichés solidement pour résister à tous les vents, en ligne droite et vis-à-vis chaque souche, pour que l'on puisse y faire grimper et y attacher les pampres de la branche à bois. Voilà le palissage offrant assez de perfection et d'avantage pour la quantité et la qualité du vin, favorisées librement par les labours à la charrue et à bras, les engrais, etc.

Pinçage, Épamprement et Labours des Vignes.

Le pinçage partiel des vignes contribue à diriger la séve au profit et pour la qualité des raisins en avançant leur maturité, et s'oppose à la coulure. Il ne faut pas pincer totalement la vigne, en ce que ça la paralyserait. Le pinçage général ne sert qu'à combattre l'oïdium et quelquefois entraîne la coulure de la vigne.

Le pinçage des vignes à échalas ne doit se pratiquer indispensablement que sur les pampres des branches à fruit, au-dessus de la sixième ou septième feuille, c'est-à-dire deux boutons au-dessus des raisins ; les branches à bois doivent être exceptées.

L'expérience prouve que si les branches à fruit n'étaient pas pincées, elles épuiseraient rapidement la vigne.

On pratique le premier pinçage, qui est le plus important, dès que deux ou trois petites feuilles sont développées au-dessus du fruit. Les pinçages qui suivent le premier s'appliquent à tous les sous-bourgeons de la branche à fruit, auxquels on ne laisse que deux ou trois feuilles. Il ne faut pas abattre en désarticulant des sarments les sous-bourgeons sortis le long des pampres, mais seulement les pincer en leur laissant deux ou trois feuilles. Le pinçage contribue aussi à former de gros boutons, contenant ordinairement de forts embryons fructifères pour l'année suivante.

On peut aussi pincer les pampres à fruit des vignes à coursons libres, à l'exception des sarments que l'on destine pour fournir les coursons.

Néanmoins, il faut considérer qu'on peut obtenir d'excellent vin sur des vignes à coursons libres non pincées, mais soigneusement épamprées. En effet, il est très avantageux d'épamprer les vignes à coursons libres et autres au mois de mai, et encore plus tard s'il est nécessaire, en faisant tomber seulement les petits sarments inutiles qui produisent de mauvais raisins et qui absorbent une certaine quantité de séve ; cette dernière passerait alors au profit des principaux sarments utiles et qui produisent d'excellents raisins.

Le pinçage et l'épamprement partiels de la vigne doivent se pratiquer deux à trois fois par saison, par un temps doux et couvert et dans une terre un peu essorée, afin que les raisins n'éprouvent pas un changement d'air trop subit. Les raisins des principaux sarments bien aoûtés étant beaucoup plus doux, plus savoureux et plus alcooliques que ceux des trop petits sarments, ces derniers doivent être nettement supprimés au mois de mai, en ce que leurs raisins gâtent le vin.

Après que l'on a pincé et épampré partiellement les vignes à échalas, on accole leurs principaux pampres avec des joncs aux grands échalas, afin de les soustraire au danger des vents et d'appeler plus efficacement la séve en leur faisant prendre une direction verticale.

On doit, comme je l'ai déjà dit, labourer la vigne assez souvent pour qu'elle soit toujours dégagée des herbes qui la suffoquent et qui absorbent les sucs de la terre. Les labours doivent être faits par des charrues vigneronnes et à bras d'homme ; le premier labour doit être pratiqué à environ 8 centimètres de profondeur, et les deux autres binages doivent être plus légers et toujours dans une terre un peu essorée. Le premier labour doit être à billons et les autres à plat. On peut aussi les faire tous à plat.

D'ailleurs, de quelque manière qu'on laboure la vigne, on doit faire attention de la blesser le moins possible ; car, quelles que soient les blessures, elles lui causent toujours de graves préjudices.

Moyens pour préserver les Vignes des gelées blanches du printemps.

Les gelées blanches du printemps occasionnent souvent de grands torts aux vignes. On pourrait combattre jusqu'à un certain point ce fléau en répandant, la veille de la gelée, sur les bourgeons de la vigne, des poudres de chaux vive ou de plâtre cuit. Comme les gelées atteignent plus facilement les bourgeons les plus rapprochés de terre, il serait préservant pour des vignes à échalas d'enlever les bourgeons jusqu'à ce que les gelées soient passées, c'est-à-dire de laisser les deux sarments dans toute leur longueur et de les dresser le long du grand échalas jusqu'après les gelées. Les bourgeons étant ainsi préservés, on taille et l'on dresse ces sarments comme je l'indique pages 87 et suivantes. On pourrait encore enterrer avant la pousse des vignes un sarment des plus bas à chaque cep de vigne; après les gelées on sortirait ces sarments de dessous la terre et on les dresserait à leurs ceps : n'étant pas gelés, ils rapporteraient du vin. On pourrait aussi attendre en arrière-saison à tailler la vigne à coursons libres, si l'on craignait les gelées ; mais ce procédé ferait perdre beaucoup de séve aux vignes. De plus, tailler la vigne à coursons libres plus longs qu'à l'ordinaire ; si les premiers boutons gelaient, on aurait encore les autres, et s'ils ne gelaient pas, on supprimerait après les gelées ceux qui seraient de trop.

On pourrait encore employer des paillassons pour préserver les vignes des gelées blanches du printemps et d'automne, et pour éviter la coulure des fleurs et la pourriture des raisins.

De tout ce que je viens de dire et des expériences qui le confirment, il faut conclure que les indications consignées dans ce traité sont efficaces pour bien régénérer les vignes et s'opposer à leur future dégénérescence.

Espérons, pour le salut de nos contrées viticoles, que lorsque les vignerons en auront éprouvé les bons résultats, ils adopteront la culture que je viens d'exposer. On ne saurait donner trop de soin à la régénération de la vigne, le bénéfice que l'on en retire paie bien les frais du travail.

On peut accélérer la croissance d'une vigne régénérée par les moyens ci-dessus indiqués, et par de bonnes terres rapportées, par des composts, des engrais et de fréquents labours, la faire fructifier autant que possible, sans nuire à sa nature ni à la qualité de son fruit, parce qu'elle est pleine de vigueur et de vie.

Ravalement, Recouchage et Provignage en foule. — Greffe de la Vigne.

Le ravalement consiste à rabaisser les ceps en les rognant, ou en les couchant pour remplacer ceux qui manquent par ces mêmes ceps. On couche les ceps de vignes dans des fosses d'une grandeur proportionnée à chaque cep et aussi profondes que le pied des ceps ; on dirige dans de petits fossés de 20 centimètres environ de profondeur un nombre nécessaire de leurs principaux sarments qu'on couvre de terre végétale, en les faisant ressortir au lieu désigné ; on rogne ces sarments à deux ou trois boutons, selon l'espèce et la force des ceps. Il y a aussi des pays ou les vignerons recouchent et provignent totalement tous les ans les principaux sarments dans toutes les directions de leurs vignobles. Ces genres de culture se pratiquent généralement dans quelques pays avec un certain succès.

Néanmoins, il vaudrait mieux entreplanter une jeune vigne par de nouveaux plants ou renouveler une vieille, que de les ravaler. On arrache la vigne qu'on veut renouveler. Si ce sont des allées, on replante de suite dans les allées de champ, s'il est possible, en ayant soin de les bien préparer avant; si c'est de la vigne en plein, dont le terrain est souvent trop épuisé de culture et d'engrais, on y transporte des terres au printemps, ainsi que des engrais consommés, qu'on mélange avec la terre par un profond et parfait labour, et l'on y plante deux ans après.

Si l'on veut laisser reposer le terrain pendant quatre à cinq ans avant de le replanter, il faut l'occuper en sainfoin, luzerne, etc. Après ce sainfoin, on le cultive encore quelques années en maïs, pommes de terre, blé, etc., avant de le replanter en vigne.

Quant au remplacement des ceps manquants des vieilles vignes, il doit s'opérer par des marcottes, des plants enracinés ou des provins ; mais les marcottes et les plants enracinés sont préférables. Le tout est peu avantageux dans une vieille vigne, il vaudrait mieux la renouveler.

Les provins qui sont faits par des sarments n'offrent que peu de garantie de succès, à moins qu'ils ne soient faits avec les plus grands soins. Il est préférable d'opérer le provignage plutôt par les sarments d'une jeune vigne que par les sarments d'une vieille, et les sarments qui dérivent du pied des ceps sont les meilleurs et doivent être enfouis d'un bout à l'autre. Les provins de sarments non détachés altèrent et détruisent les ceps dont ils sont tirés, et une fois ces ceps morts, ils réussissent rarement, en ce qu'ils sont souvent créés par des bouts de sarments trop jeunes et trop moelleux, manquant de consistance et de vitalité. Les provins de cépages des plus robustes, tels que la Folle et autres, réussissent mieux que ceux du Balzac et autres espèces délicates.

Néanmoins, si l'on s'aperçoit, au bout de deux ou trois ans, que le provin altère trop le cep d'où il sort, on doit détacher le sarment au point où il adhère au cep et l'enfouir complétement. Il en résulte que le provignage n'offre pas assez d'avantages.

La greffe de la vigne, qui est d'un assez bon effet, se pratique comme celle des arbres, mais entre deux terres, dans la dernière quinzaine de mars, sur des ceps ordinairement infructueux, mais vigoureux. Le mastic le plus gras et le plus rafraîchissant est celui que l'on doit employer. Beaucoup de personnes emploient l'argile. Aussitôt que la greffe de la vigne est faite, on la butte entièrement, et l'on ne commence à la débutter qu'au bout d'un an, puis on la taille selon l'espèce.

La greffe nous offre plusieurs avantages. Ainsi, le Balzac noir, qui est une assez bonne espèce de raisin pour le vin rouge, et qui ne réussit que dans les meilleurs terrains vignobles, peut s'obtenir avec le secours de la greffe sur des ceps robustes dans les vignobles inférieurs.

Taille de la Vigne à coursons libres, tête de saule.

La taille des vignes est indispensable ; c'est l'opération principale de leur culture. C'est de la taille que dérive souvent le bon ou le mauvais état du plant, surtout quand il est jeune ; aussi doit-elle être conduite avec le plus grand soin et les plus grandes précautions. La quantité et la qualité des raisins dépendent aussi de la taille. Si on laisse trop de bourgeons à la vigne en la taillant, elle ne donnera pas tant de vin et il ne sera pas d'aussi bonne qualité, en ce que sa force étant trop divisée, elle ne saurait pas constituer ses raisins selon leurs qualités naturelles ; si, au contraire, on ne lui en laisse pas assez, l'excès de séve fera échouer le fruit et elle donnera beaucoup de bois et peu de raisins.

En conséquence, la taille de la vigne doit être dirigée dans de justes proportions, conformes à la force des vignes. Nous avons heureusement toujours devant nous une excellente indicatrice : c'est la pousse de l'année précédente. Je suppose qu'un cep ait poussé cinq sarments ordinaires, capables de bien fructifier, il faut en taillant ce cep lui laisser cinq bourgeons sans compter les sous-yeux. Si l'année suivante il pousse six sarments capables de bien fructifier, ou cinq plus gros et plus longs qu'à l'ordinaire, on lui laisse en le taillant six bourgeons. Si, au contraire, il perdait de sa force, qu'au lieu de six sarments il n'en avait poussé que quatre capables de fructifier, ou cinq trop petits, il faudrait en le taillant ne lui laisser que quatre bourgeons. Il en est ainsi proportionnellement pour tous les ceps de vigne, c'est-à-dire que si une vigne prend de la force, on augmente proportionnellement le nombre des bourgeons qu'on lui laisse ordinairement en la taillant; si, au contraire, elle perd de sa force, on lui supprime proportionnellement le nombre des bourgeons qu'on lui laisse habituellement en la taillant. Dans tous les cas, il faut avoir soin de laisser plutôt un peu trop de bourgeons que pas assez aux jeunes vignes en les taillant, prévoyant qu'elles prennent de la force; tandis que pour les vieilles vignes, il faut, au contraire, leur laisser un peu moins de bourgeons que trop en les taillant, en prévision qu'elles sont susceptibles de perdre de leur force. Une grande partie des vignerons actuels oublient cette prévoyance; ils ne laissent pas assez de bourgeons aux jeunes vignes en les taillant, et ils en laissent trop aux vieilles.

Le bois de la vigne est très moelleux, un peu spongieux et poreux, comme on peut s'en convaincre en hiver, quand il n'y a plus de séve, en coupant un jeune sarment transversalement avec un outil bien tranchant. Si l'on examine la coupe, on aperçoit un grand nombre de petits vaisseaux vides, présentant autant de petits trous dans lesquels pourrait entrer la pointe d'une aiguille et aussi rapprochés que les mailles d'une fine dentelle. La taille de la vigne lui cause toujours des dommages plus ou moins grands, selon la direction de cette culture et selon les rigueurs du temps. Tous les jours on voit les membres des plants souillés de taches rousses ou noires, ou de caries causées par la taille ; il arrive même que la séve, pour circuler dans les jets qui se trouvent à l'extrémité des membres, est forcée de se créer un nouveau canal en ajoutant une nouvelle croissance cylindrique à leur diamètre, ou de prendre une direction plus basse.

C'est en février, et quelques jours avant que la séve monte, que l'on doit tailler les jeunes vignes; mais on ne doit les tailler pour la première fois que quand elles sont assez fortes pour donner des sarments capables de produire du fruit. Il est démontré que, pourvu que les sarments ne nuisent pas à la culture d'une jeune vigne, plus on attend pour commencer à la tailler, plus elle prend de force, plus elle est robuste, et moins elle est sensible aux intempéries des saisons; mais à quelque âge qu'on la taille, on doit surtout faire en sorte que le cours de la vé-gétation ne soit pas interrompu. Mieux vaut laisser trop de coursons ou de boutons que pas assez dans les vignes à coursons libres et autres. Il faut enlever le bois sec et les petits sarments inutiles et rogner les principaux sarments de l'année précédente ; enfin avoir soin que les membres se dirigent convenablement et avantageusement ; mais surtout il faut rigoureusement s'abstenir de couper les jeunes plants transversalement entre deux terres, par-dessous les petites touffes de jets, comme le font actuellement beaucoup de vignerons.

Les vignes s'habituent mieux dans leur jeunesse à entretenir de séve un grand nombre de coursons qu'elles ne le sauraient faire dans leur vieillesse. C'est pourquoi il ne faut pas attendre qu'une vigne soit vieille pour la faire développer ; elle doit être développée dès son âge adulte, à huit ans.

Il faut considérer que les crossettes à partir du point de bifurcation (lieu où le sarment est formé et né) forment le corps des ceps, et que les jets que l'on commence à tailler sont leurs membres ; on doit veiller à les endommager le moins possible, surtout dès leur début. Néanmoins, si l'on veut commencer à tailler les jeunes vignes dès la seconde année de leur plantation, il faut supprimer les bourgeons, à l'exception d'un certain nombre qu'on peut juger convenables pour diriger la force des ceps.

Les vignes étant ainsi élevées dans toute leur force naturelle, il est évident qu'on ne peut éviter de leur faire d'assez larges plaies en les taillant, en ce qu'elles poussent très vigoureusement ; mais comme on s'est abstenu, dans leur jeunesse, de leur faire de fortes blessures, le corps des ceps, leurs racines et le début de leurs membres étant très sains et vigoureux, elles se rétablissent toujours assez de la taille. Néanmoins, si les sarments étaient trop gros et trop longs, il serait prudent de diviser davantage la force des ceps.

Pourtant, si ce n'était que de la propreté de la taille, il entrerait dans la conservation de la vigne d'éloigner autant que possible les coupes des parties végétales, de ne point ouvrir les anciennes plaies et de laisser les bouts invégétables des anciens coursons. Il est vrai que les membres de la vigne seraient d'abord bien mal polis, mais par la longueur du temps ils finiraient par se polir naturellement et la vigne serait plus saine.

On taille aussi les vieilles vignes dans le mois de février ou plus tôt, selon la précocité de l'année ou du climat, mais toujours avant que la sève se mette en mouvement ; on choisit pour cela un beau temps, le moment où la terre est essorée et un vent du nord. On doit fixer le fruit sur les sarments les plus propices, en suivant la direction de la sève et s'y conformant toujours. Si, par contrariété, cette dernière prend une nouvelle direction plus basse et plus avantageuse que la première, ce qui arrive souvent, on ravale les ceps sur la nouvelle direction.

Tout vigneron doit savoir que le nombre moyen de boutons à laisser à la vigne, à chaque courson libre, quand on la taille, est de deux et le stipulaire pour le Balzac noir comme pour le Balzac blanc et le Maroquin, trois pour la Folle blanche et cinq et six pour le Pineau noir et blanc, et quatre pour le Saint-Pierre, le Bouillaud, la Daune, et cinq et six pour le Sauvignon, le Colombar, etc. Deux petits sous-yeux rapprochés ne comptent que pour un seul stipulaire.

Ainsi, un cep de Balzac noir qui ne peut produire que deux sarments assez vigoureux pour porter du fruit doit avoir un courson de deux boutons et le stipulaire; celui qui est assez fort pour produire trois sarments fructifères doit avoir deux coursons, l'un ayant deux boutons et le stipulaire, et l'autre un seul; enfin, ceux qui peuvent produire quatre sarments doivent avoir deux coursons de deux boutons chacun et le stipulaire, et ainsi de suite. Il en est de même proportionnellement pour les autres espèces.

Il vaut mieux laisser trop de boutons que pas assez à plusieurs fins cépages, afin d'en obtenir autant de fruit que dans les plus grossiers ; ces derniers produisent toujours, qu'ils soient taillés longs ou courts. Mais plusieurs fins cépages ne produisent que rarement de fruit par leurs boutons les plus rapprochés de leurs souches ; en conséquence, on les taille très longs, et lorsque les gelées sont passées, que les bourgeons sont assez développés, on fait tomber les bourgeons infructueux ; on n'en laisse qu'un nombre raisonnable et proportionnel à la force de chaque cep, afin d'obtenir assez de bons vins.

Il faut avoir le soin, en taillant la vigne, de supprimer nettement avec la serpette les petits sarments inutiles et les amas de bois noueux qui croissent souvent le long des membres, et qui absorbent une certaine quantité de séve inutilement.

On doit connaître à peu de chose près, par la forme des boutons, le nombre et la grosseur des raisins que chacun d'eux produira. Le Balzac noir n'en produit quelquefois qu'un, mais il en donne souvent deux; les autres espèces en produisent deux et quelquefois trois. Il y a dans toutes les espèces certains boutons qui ne donnent quelquefois pas de raisin. Du reste, la quantité du fruit dépend de la fécondité des années et comme le temps se comporte lorsque la vigne commence à pousser. Il arrive souvent que les bourgeons souffrent du froid et de l'eau pendant leur développement, ce qui fait que les raisins ne sont pas si gros, et les premiers bourgeons ne se constituent pas autant à fruit que si le développement des boutons était favorisé par le chaud. C'est pourquoi, en taillant la vigne, on ne peut évaluer qu'approximativement le nombre et la grosseur des raisins qu'elle donnera. Néanmoins, si les premiers boutons à fruit des coursons étaient trop petits, on pourrait tailler plus long qu'à l'ordinaire, et lorsque les bourgeons seraient développés, on ferait tomber les petits sarments qui n'auraient pas de raisins.

Le moyen de faire fructifier la vigne avec excès n'est pas, comme le pensent la plus grande partie des vignerons, de doubler les coursons et les boutons, ni de laisser autant de coursons qu'il y a de sarments, ce qu'ils appellent tailler à mort. Ce traitement est erroné et ne contribue pas à la mortalité de la vigne; seulement, la force de végétation étant trop divisée, le cep ne donne que de faibles sarments et de petits raisins d'une saveur acide. Ce que l'on doit faire, c'est de laisser seulement un bouton de plus que le nombre moyen aux espèces qui en exigent deux, et deux aux autres espèces. Mais la force de la vigne étant un peu trop divisée, le vin n'est pas en aussi bonne qualité, en ce que la vigne manque de force pour constituer ses raisins selon leurs qualités naturelles. Si l'on veut, au contraire, restreindre la production, on retranchera des boutons dans la proportion que je viens d'indiquer.

Le mieux est d'entretenir toujours le nombre moyen des boutons qu'on doit laisser à la vigne et de favoriser sa végétation par de fréquents labours et des engrais ; car, si on l'a fait fructifier une année avec excès, on l'épuise, et, l'année suivante, elle ne rapporte pas autant que les années précédentes, à moins que l'on ne combatte l'épuisement par un bon amendement.

Taille des Treilles.

Les treilles se plantent comme tous les autres cépages, et malgré qu'elles aient ordi-

nairement un grand développement de végétation, pour être très aérées, leurs coursons doivent aussi être proportionnels en
nombre et en longueur à leur espèce et
à leur force. Les coursons doivent être placés sur les souches mères de la treille, à 25
centimètres de distance environ, et toujours
faits, s'il est possible, sur des sarments assez vigoureux, les plus rapprochés des souches mères de la treille et possédant d'assez
gros boutons.

De l'Oïdium et de quelques Maladies des Végétaux.

La maladie dégénératrice dont je viens de
parler n'est pas la seule qui puisse atteindre
la vigne, il y a aussi l'oïdium, qui ne doit
pas lui être comparé, car la mauvaise taille
occasionne la dégénération, qui attaque prin-

cipalement les jeunes vignes et tient enfin au mauvais traitement qu'on leur fait subir, tandis que l'oïdium attaque la vigne à tout âge et tient à des causes naturelles. Je ne crois pas que ces deux genres de maladies détruisent nos vignes entièrement; il faut espérer, au contraire, qu'elles disparaîtront, car nous avons déjà vu quelques années l'oïdium disparaître de nos treilles sans aucun traitement; mais comme ces maladies nous causent de grands préjudices, il est avantageux de savoir les combattre autant que possible.

L'oïdium est engendré par les variations subites et malsaines de la température, telles que des excès d'humidité et de fraîcheur, ainsi que des excès de chaleur qui se succèdent alternativement et soudainement pendant la végétation de l'été. La constance de la température convient à la vigne. Ainsi, un froid sain et persistant pendant l'hiver, des chaleurs de longue durée pendant l'été, sont favorables à la vigne.

Les substances les plus échauffantes et les plus altérantes, telles que le soufre, le goudron, la résine, le camphre, la chaux vive, etc., sont efficaces contre l'oïdium; mais le moyen de le prévenir, c'est d'empêcher les vignes de monter, de les tenir le plus près possible du sol, de les préserver de tout ombrage et de les pincer. Les vignes qui s'ombragent trop d'elles-mêmes se nuisent. L'épamprement et le pinçage partiels de la vigne ne sont pas seulement à l'avantage des raisins, mais ils procurent aussi plus d'air à la vigne et la protégent contre l'oïdium. Les vignes peu élevées produisent les meilleurs raisins, pourvu qu'ils ne touchent pas la terre. C'est ainsi que, dans nos contrées, les vignes en plein champ, qui toutes s'élèvent fort peu au-dessus du sol, ne sont presque pas attaquées de cette maladie, tandis que nos treilles le sont toutes, de même que les vignes des contrées où on les laisse monter.

Il est aussi favorable et contre la maladie de la vigne d'imprégner les pieds des ceps de vigne attaqués par une décoction d'orties piquantes, qu'on a soin d'écraser avant de les faire bouillir.

De plus, je crois que pour préserver la vigne contre l'oïdium, il faut, avant de les planter ou de les faire élaborer, laisser tremper les plants pendant deux jours dans de l'eau rouillée, sulfatée, camphrée ou soufrée, ou dans de l'eau contenant un peu d'eau-de-vie ou de vin, des acides de vin, du raivin, etc. En outre, je crois que ces liquides sont aussi des préservatifs pour la vigne contre l'oïdium, en les employant pour arroser la première fois les plants de vigne après les avoir plantés. Voilà de nouveaux procédés que je médite et apprécie, et qui sont les seuls de mon ouvrage dont je n'ai pas encore éprouvé les résultats.

Néanmoins, si l'on craignait la maladie, on devrait semer vers la mi-mai, le long des rangs de vignes, 22 kilogrammes environ de fleur de soufre par hectare, mettre 2 grammes de sulfate de fer au pied de chaque cep et pincer leurs tiges.

L'expérience prouve que l'huile de noix, qui est excellente pour les plaies humaines toutes récentes, l'est aussi dans plusieurs cas pour les végétaux ; elle l'est aussi pour la destruction des chenilles, des vers, des teignes, etc. La laitance de chaux vive et le chlorure de chaux sont également bons pour la destruction de plusieurs insectes.

L'oïdium, la maladie des pommes de terre et plusieurs autres maladies qui attaquent les végétaux sont dus, comme je viens de le dire précédemment, à des excès d'humidité et de fraîcheur, à des brouillards froids et épais, à ces temps couverts d'où s'échappent les frissons et auxquels succèdent parfois subitement de brûlantes chaleurs pendant la végétation estivale. Aussi est-ce dans les mois de juillet, août et septembre, pendant que les jours diminuent, que ces maladies sont dans toute leur force, parce que la terre et les végétaux sont épuisés par la production et les variations de température. Ces variations subites tiennent à des causes secrètes contre lesquelles nous ne pouvons lutter.

Les variations subites de température, qui causent des refroidissements mortels pour certains végétaux, amènent souvent des échauffements funestes aux blés, qui en meurent quelquefois ; à quelques ceps de vignes, aux pommes de terre, aux raisins, dont elles font tomber un grand nombre de grains avant leur maturité.

Les refroidissements épidémiques se font sentir principalement dans les terrains les plus faibles et sur les végétaux les plus dégénérés et les plus exposés. Les échauffements causent souvent de la surprise à quelques propriétaires, qui se demandent comment les chaleurs ont pu causer tant de maux dans des années humides et durant lesquelles il a beaucoup plu. Mais ces pluies n'ont pas été de longue durée ; elles ont été interrompues par de grandes chaleurs. Voilà la cause du mal. Il ne faut qu'un passage soudain du froid au chaud et du chaud au froid, pendant la végétation d'été, pour causer de grands dommages aux fruits et aux végétaux les plus sensibles.

Les chaleurs et les pluies sont très favorables aux végétaux quand elles arrivent à propos, qu'elles ne sont pas excessives et qu'elles se succèdent lentement.

Pendant l'hiver, un froid constant, sans excès, avec un vent du nord et un ciel serein, est favorable aux plantes. Pareillement, pendant l'été, une chaleur constante, sans excès, calmée par de petits vents frais du nord ayant quelque durée et sous un ciel serein, leur est également favorable. Ce sont là des temps qui n'engendrent aucune maladie. Loin de là, ils purifient la terre et ce qu'elle nourrit. S'il y a des végétaux qui meurent par ces temps favorables, c'est qu'ils sont épuisés ou plantés dans des terrains absolument trop faibles.

Les sarments jeunes et tendres sont, il est vrai, très sensibles au printemps, dans les premiers jours de leur végétation ; mais à cette époque les maladies ne sont pas à craindre, parce que l'air n'a pas encore été vicié par les successions soudaines et souvent réitérées de chaleurs et de fraîcheurs. Ajoutons que la terre et la vigne, reposées et assainies par l'hiver et favorisées par la belle saison, sont dans toute leur vigueur.

Confection des Vins et de l'Eau-de-vie.

Je terminerai cet exposé des méthodes à employer pour la régénération de la vigne et des moyens de la préserver des maladies par un rapide aperçu sur la manière de faire les vins.

Pour faire les bons vins, il faut des Pineaux, des Grenaches, des Carbenets-Sauvignons, des Maccabéos, des Mesliers, des Fromentés, des Malvoisies, des Carignans, des Carmenères, des Muscats, des Cruchinets, des Muscadelles, des Sauvignons, des Furmints, des Sémillons, des Roussanes, des Vionniers, des Roussettes, des Épinettes, des Plants dorés, des Gentils roses, des Rousselets, des Morillons, des Clarettes, des Verdots, des Rieslings, des Picpoules, etc.

Nous avons de beaux et bons raisins pour la table et qui ne feraient pas de bons vins, tels que les Chasselas, etc.

Et d'abord je dirai que le raisin rend plus ou moins, selon les années : celui qui est venu par la chaleur fournit plus de vin et est de meilleure qualité que celui venu par des temps humides.

La maturité des raisins est annoncée par les râfles ; si ces dernières sont vertes, les raisins ne sont pas encore mûrs, car la râfle qui jaunit annonce la maturité des raisins blancs, et la râfle qui rougit annonce la maturité des raisins noirs. Il vaut mieux que le raisin soit trop mûr que pas assez ; en outre, il est préférable, non-seulement pour la qualité, mais aussi pour la stabilité et la netteté du vin, que la peau des grains des raisins soit un peu ridée par les chaleurs que si elle était pourrie par la pluie ; car, étant corrompue, elle se décompose et se broie en bouillant dans le vin de haute fermentation, ce qui le rend bilieux, faible et sensible à varier.

Il faut aussi faire un triage des raisins en

vendangeant, afin que les meilleures qualités ne soient pas mêlées avec les qualités inférieures.

L'expérience démontre que c'est la peau des grains du raisin qui teint le vin; car on peut faire du vin blanc avec du raisin noir, quand on le pressure sans le laisser bouillir avec son marc ou qu'on le fait bouillir avec du marc blanc; et si l'on fait bouillir du jus de raisin blanc avec du raisin noir, on a du vin rouge. Il vaudrait mieux pour la couleur du vin ne pas mêler le raisin blanc avec le noir; mais si l'on veut mettre le blanc et le noir dans la même cuve, il est avantageux de mettre le noir au fond de la cuve et le blanc par-dessus; le jus de ce dernier bouillant davantage avec le marc noir qu'avec le blanc, on obtient ainsi une couleur plus foncée.

Vins rouges.—Il ne faut pas fouler ni écraser les grains des raisins destinés à faire les vins rouges de haute fermentation, il ne faut seulement que les égrapper d'abord avec un trident dans des récipients, que l'on vide ensuite dans des cuves.

Une cuvée de vendange pour le vin rouge peut être remplie en un ou plusieurs jours, pourvu que l'on ne passe pas deux ou trois jours de suite sans y mettre de vendange, en ce que celle de dessus aigrirait. C'est-à-dire que lorsque l'on a commencé à mettre de la vendange dans une cuve pour faire du vin rouge, il faut en mettre tous les jours et l'aplanir chaque soir jusqu'à ce qu'elle soit pleine. J'ai vu des cuves qui n'ont été remplies que dans un intervalle de plusieurs jours, et qui ont cependant rendu d'excellent vin rouge qui s'est bien conservé. Malgré cela, il ne faut pas laisser de remplir les cuves le plus tôt possible.

Il serait aussi nécessaire pour la qualité et la conservation du vin que ce dernier bouillerait et fermenterait dans des cuves presque closes, destinées à cet effet ; aussitôt pleines de vendange, elles devraient être fermées, à l'exception d'une bonde ordinaire à la cime, qu'on fermerait aussi dès que la grande agitation du vin serait passée.

L'air est toujours préjudiciable au vin et au marc. Ce qui nous le prouve, c'est que nous faisons tous les ans fermenter des vins rouges avec leur marc dans des tonneaux presque clos, et il est toujours meilleur et se conserve mieux que ceux que nous faisons fermenter également avec leur marc dans des cuves découvertes.

Les vins rouges de haute fermentation sont toujours plus tôt faits que les vins blancs, ordinairement fermentés sans leur marc, en ce que les vins rouges bouillant avec leur marc, ce dernier hâte beaucoup leur fermentation.

La râfle, les pellicules et les pépins contiennent des matières corruptibles et étrangères au jus naturel des raisins. En conséquence, il ne faut pas laisser cuver le vin rouge trop longtemps, parce qu'il risquerait de devenir macéré. Le vin rouge de haute fermentation est fait dès que l'agitation du vin s'apaise et que sa chaleur baisse. Il vaudrait mieux le tirer un peu trop tôt que trop tard, en préférant sa qualité à sa couleur.

Après que le vin est tiré, on presse le marc et l'on en tire encore un peu de deuxième vin, inférieur au premier, ou l'on met de l'eau sur ce marc, sans le presser, pour en faire du raivin. Si l'on veut que ce dernier soit doux, il ne faut pas que l'eau atteigne le marc chaud de la cime ; si l'on veut faire du raivin aigrelet, qui est sujet à se conserver mieux que le raivin doux, il faut mettre de l'eau sur le marc jusqu'à ce qu'elle atteigne un peu le marc chaud de la cime, c'est-à-dire le marc aigre.

Vins blancs. — Pour obtenir de bons vins blancs, il faut de bons raisins et pressés avant toute fermentation. Aussitôt ramassés, on les égrappe dans des récipients et on les met de suite en tas dans des maies légèrement inclinées ; on les foule bien, soit avec les pieds nus ou autre chose, afin de crever les grains sans les écraser, ni broyer les pépins, ni les pellicules, ni les râfles ; on les remet en tas, et on les refoule parfaitement. Par ce moyen on obtient les trois quarts et le meilleur moût des raisins, que l'on peut débourber dans des cuves, et on le met ensuite fermenter dans des tonneaux presque clos que l'on a soin de ne pas remplir tout à fait pendant la grande agitation.

Sitôt que la première fermentation est terminée ou suspendue, on remplit les tonneaux, on les ferme par le bondon, afin que la seconde et dernière fermentation latente s'effectue seule et pour toujours. On ouille les tonneaux une ou deux fois par semaine avec du vin de même qualité et même âge, jusqu'au premier soutirage, qui doit avoir lieu vers la fin de décembre, par un beau temps et un vent du nord froid. On ouille encore les tonneaux une fois par mois jusqu'au second soutirage, après lequel on ouille encore tous les deux ou trois mois jusqu'à la vente des tonneaux ou la mise des vins en bouteilles.

Le quart du moût inférieur qui a resté dans les marcs et que l'on a obtenu de suite par les pressoirs peut être destiné à faire des boissons de famille, ou à joindre aux cuvées de vin rouge, ou à faire brûler, etc.

Eau-de-vie. — Plus les raisins sont mûrs, plus ils font d'eau-de-vie et en meilleure qualité ; les raisins qui ne sont pas assez mûrs font peu d'eau-de-vie et en mauvaise qualité.

L'alcool conserve le vin, ce que fait aussi la verdeur des raisins. Mais il vaudrait mieux conserver le vin par l'alcool, qui fait de bons vins, que par la verdeur des raisins, qui fait de mauvais vins.

Néanmoins, plus un vin contient d'alcool, plus il fait l'eau-de-vie dure à boire, c'est-à-dire moins douce et moins moelleuse, surtout lorsque le vin est macéré. Il ne faut ni macération, ni âcreur, ni aigreur aux vins pour faire de bonnes eaux-de-vie; il ne faut que de bons vins naturels, fermentés seuls hors de leurs marcs. C'est ainsi que, dans le département de la Charente, les vins blancs destinés à produire les eaux-de-vie sont dès la vendange, à l'aide de pressoirs, extraits de Folle blanche et de Colombar, mais en plus grande partie de Folle blanche. On les met préalablement fermenter dans des tonneaux avant de les brûler. Les alambics doivent être nettoyés proprement.

Les vins de la Charente contiennent ordinairement, en moyenne, d'un huitième à un dixième d'alcool.

Pour distiller l'eau-de-vie des vins, il ne faut pas trop hâter l'action ; il est nécessaire de veiller à ce que le feu soit modéré et régulier ; le bois que l'on emploie doit être bon et sec ; les fourneaux doivent contenir le moins de fumée possible. Aussitôt que l'eau-de-vie est distillée, il faut qu'elle soit régulièrement bien rafraîchie dans des serpentins qui la conduisent dans des tonneaux propres à la recevoir.

La nouvelle eau-de-vie est d'abord très limpide ; elle doit aussi peser au moins 4 degrés pour la livrer au commerce.

Vins rosés. — Pour obtenir du vin rosé de basse fermentation, il faut avoir le soin de le tirer dans un moment fixe de sa fermentation afin qu'il ne soit pas trop doux ni trop dur, c'est-à-dire dans un moment où il a le bouquet et le goût très délicats, ce qui ne dure pas longtemps ; il faut le surveiller pour y bien parvenir.

Vins de liqueur. — Les vignobles du Midi de la France sont les plus capables de produire les vins de liqueur. On peut obtenir des vins de liqueur de tous les raisins, en faisant évaporer l'eau de leur jus jusqu'à ce que ce jus marque au moins 18 à 20 degrés au gleucomètre, et qu'il puisse arriver à une fermentation à contenir à peu près 20 pour 100 d'esprit, ou 16 et 18 degrés en esprit, et le surplus en sucre non réduit

On y parvient avec des raisins excellents et bien mûrs, que l'on fait dessécher au soleil jusqu'à ce qu'ils ne contiennent plus d'eau, et que leurs grains soient flétris. On égrappe ces raisins, on écrase les grains et on les presse. Le jus obtenu est du vin de liqueur que l'on met fermenter dans des tonneaux.

On fait voyager les vins nouveaux qui sont forts en esprit et en sucre, tels que les vins de liqueur et les vins de Bordeaux, de Bourgogne et de Champagne ; en voyageant très loin sous des climats variés, ces vins obtiennent une maturité plus prompte et meilleure. Mais de tels voyages seraient contraires aux vins vieux et aux vins faibles.

Vins mousseux. — Tous les pays vinicoles et tous les raisins peuvent produire des vins mousseux ; mais c'est ordinairement les bons crûs et les fins cépages de la Champagne qui sont les plus propres à produire d'excellents vins mousseux.

Pour faire les vins mousseux, on récolte soigneusement les raisins, on les choisit, on les écrase et on les presse avant toute fermentation. On les fait d'abord un peu débourber dans des cuves, ou on met le jus directement dans des barriques contenant chacune 2 hectolitres, que l'on place dans des appartements à 16 ou 18 degrés de chaleur, où leur fermentation s'effectue doucement et lentement en douze ou quinze jours, plus ou moins, selon le degré de la température ambiante. Il y a un point principal à observer pour descendre les vins en caves fraîches, de 9 à 10 degrés de chaleur, afin qu'ils conservent environ la moitié de leur sucre, qui n'est pas encore converti en esprit et en acide carbonique lorsque l'on arrête leur fermentation pour la transformer par le froid en fermentation lente et cachée.

Il serait difficile d'arrêter la première fermentation des vins du Midi afin de leur faire garder leur sucre, comme on fait des vins de Champagne.

Il faut savoir combien le vin contient de sucre pour l'obtenir naturellement mousseux, sans addition de sucre, en ce que la mousse dépend de la quantité de sucre contenue dans le vin lorsqu'on le met en bouteilles. Si le vin ne contient plus assez de sucre lorsqu'il est en bouteilles, la mousse est manquée ; mais s'il en contient trop, la violence de la mousse casse les bouteilles. Il faut nécessairement avoir une connaissance pratique et sûre de la quantité du sucre contenu dans les vins qu'on veut rendre mousseux, lorsqu'on veut les mettre en bouteilles.

En Champagne, ce sont ordinairement des fabricants de vins mousseux qui achètent les raisins ou le vin des propriétaires, afin d'en faire des vins mousseux pour le commerce. Les propriétaires s'occupent rarement à faire leurs vins mousseux.

Si l'on attend trop longtemps, que l'on ne fasse pas attention à la décomposition du sucre dans le vin, qui s'opère lentement, il arrivera que le sucre se réduira trop, et pour rendre ce vin mousseux, il sera nécessaire d'y ajouter une quantité suffisante de sucre de canne.

Il faut que le vin contienne juste 2 kilogrammes de sucre non décomposé par hectolitre et 20 grammes par litre.

D'abord le vin a beaucoup trop de sucre

pour être mis en bouteilles, mais plus sa fermentation s'avance et plus son sucre se décompose et se réduit. Il ne faut s'en inquiéter qu'à la première quinzaine de janvier qui suit la vendange ; à cette époque, on procède chaque semaine de façon à connaître la quantité de sucre qu'il y a à décomposer dans le vin. Lorsque le vin ne marque plus que 11 à 12 degrés gleucométriques, à quelque époque que ce soit de l'hiver ou du printemps, on peut mettre le vin en bouteilles, que l'on a soin de boucher très solidement.

S'il fait froid, il faut réchauffer l'appartement de 20 degrés au-dessus de zéro, afin que l'oxygène de l'air enfermé entre les bouchons et le vin soit absorbé rapidement par le ferment, et que les bouteilles mises en tas dans le même local échauffé puissent recevoir une impulsion qui détermine promptement la formation de la mousse.

Si la formation de la mousse a lieu trois

jours après, la détonation et la fracture de plusieurs bouteilles dans le tas se feront entendre. C'est alors qu'on est assuré que la mousse est prise. On se dépêche à descendre les bouteilles dans des caves ou d'autres appartements paisibles et très frais.

Pour conserver longtemps les qualités naturelles des vins de haute fermentation en tonneaux, il faut tenir constamment les vaisseaux vinaires bien pleins du même vin, ne pas laisser toujours les vins dans la même lie. Il s'agit dès la sortie des cuves de les mettre dans des tonneaux d'une bonne odeur et lavés très proprement ; au bout de six mois, on les tire clairement sans collage et on les met une seconde fois dans des tonneaux de bon goût et bien nettoyés ; au bout de six autres mois, on le tire clairement et on le met une troisième fois dans des tonneaux propres ; on le laisse bien poser, on le tire clairement sans colle, ou à la colle s'il est nécessaire, et on le met dans des cruches hermétiquement closes ou des bouteilles que l'on place dans des caves froides, sombres et tranquilles, en ayant soin d'incliner les bouteilles et les cruches de manière que le vin couvre le bouchon à l'intérieur Toutes ces opérations doivent être faites dans les mois d'avril et mai, par un vent du nord et sous un ciel serein

Traitement contre la Maladie des Vins.

Les vins blancs légers et délicats, c'est-à-dire qui manquent de sucre et d'esprit, sont susceptibles d'être atteints de viscosité ou de graisse. Pour prévenir ce mal, il faut ajouter une dose de 18 à 20 grammes de tanin par hectolitre, en solution alcoolique, vingt à vingt-cinq jours avant la mise en bouteilles. C'est ainsi que le tanin neutralise et précipite la matière excessivement azotée, excès qui produit la maladie des vins.

On peut aussi s'opposer à cette maladie des vins blancs en leur rendant, après le pressurage, une partie de leurs râfles immergées dans le vin pendant sa fermentation visible.

Si l'on s'aperçoit par le poids et la dégustation que les vins par leur faiblesse menacent de tourner, d'être atteints de l'amer, du bésaigre ou de la pousse, on les colle, on les soutire et on leur rend le sucre et l'esprit dont ils manquent, soit en nature ou en les coupant avec d'autres vins plus jeunes et plus riches en sucre et en alcool. Ce qui vaudrait mieux pour les qualités du vin que de le soufrer ou mécher, bien que ces traitements suspendent passagèrement la fermentation et l'action de décomposition du vin.

La bonne huile d'olive agitée avec le vin lui enlève parfois son mauvais goût sans altérer ses qualités.

Collage des vins. — Le collage des vins est une opération pour les clarifier ; on ne doit l'appliquer qu'aux vins qui ne sont pas naturellement clairs avant de les soutirer.

Pour coller le vin d'une barrique de deux hectolitres, il faut en tirer deux litres, les mettre dans un vase. On y délaie quatre blancs d'œufs frais ; on y fait dissoudre 12 grammes de sel blanc de cuisine ; on verse le tout dans la barrique et on agite fortement en tous sens le contenu du tonneau avec un bâton que l'on a introduit par la bonde ; on retire le bâton, on remet le bondon et on soutire le vin au bout de sept ou huit jours. La colle étant ainsi divisée dans tout le vin du tonneau, y forme un nuage louche et glutineux qui descend lentement sur la lie en entraînant les matières capables d'altérer la limpidité du vin.

Replantation des Arbres.

C'est au mois de novembre, par un beau temps, un vent du nord, s'il est possible, et dans une terre un peu essorée, qu'il convient de replanter les arbres. Dans cette saison, la végétation des arbres replantés a le temps de s'élaborer avant que la séve ne se mette en mouvement ; la terre a encore un peu de chaleur, dont les bienfaits se répandent dans les racines ; celles-ci ont le temps de se remplir de séve avant les grands froids, et sont bien préparées pour la prochaine végétation.

L'expérience prouve qu'il est contre nature de planter les arbres trop avant dans la terre, car il faut, avant tout, que leurs racines soient dans la terre végétale. Si les végétaux se nourrissent des sucs de la terre, ils vivent aussi de l'air, des rayons du soleil et de

la lumière. Les arbres qui croissent naturellement, sans avoir été plantés, et dont
les racines se trouvent à la surface du sol,
sont un exemple frappant de ce que je dis :
ils profitent plus que ceux qui ont été plantés profondément et se développent plus rapidement.

Il existe des terrains très chargés de sucs
nourriciers ; il semblerait que des arbres
plantés profondément dans un pareil sol devraient beaucoup profiter, il n'en est rien
cependant la plupart du temps. On peut en
quelque sorte comparer les fonctions des racines, chargées d'élaborer la nourriture des
végétaux, à celles de l'estomac, qui élabore
les aliments des animaux. Or, de même que
chez ceux-ci les excès de nourriture sont plus
nuisibles que l'insuffisance, de même chez
certains végétaux l'excès de terre nutritive
sur les racines retarde leur développement.
Remarquez que les plus gros arbres et les plus

vieux ont leurs racines à fleur de terre, et qu'ils occupent des terrains solides qui n'ont jamais été fouillés ni défoncés. Toutefois, la croissance des arbres, comme celle de tous les autres végétaux, dépend surtout de la nature du terrain dans lequel ils sont plantés. Néanmoins, les terrains défoncés et amendés leur sont d'abord très favorables, en ce que cet excès de nourriture se trouve par-dessous les racines ; mais le sous-sol étant trop meuble, ils ne sont pas d'une aussi longue durée.

De la manière de replanter les arbres dépend le succès de l'opération. Il ne faut pas attendre pour replanter un arbre qu'il soit trop gros ou trop âgé. Il faut, quand on l'arrache, avoir soin de blesser le moins possible ses racines. Il importe, pour qu'il ne souffre pas des injures de l'air, de le replanter immédiatement dans un trou fait à l'avance pour qu'il ait eu le temps de recevoir de la pluie et de se mettre en harmonie avec la température de la surface du sol ; les racines doivent être placées entre deux couches de terre végétale de 10 à 12 centimètres chacune environ. Les arbres ainsi replantés ne souffrent presque pas de leur changement de place. Mais ceux qui ne sont jamais replantés valent toujours mieux.

Les végétaux n'aiment pas l'ombrage, mais il y a des abris qui les protégent de certaines froidures et favorisent la précocité de leur végétation et celle de la maturité de leurs fruits.

Comme le feuillage des arbres est souvent dévoré par les chenilles au printemps, ce qui cause des torts assez considérables, il serait prudent pendant l'hiver de détacher exactement les nids de chenilles des branches et de les fouler sous ses pieds.

La taille des arbres a pour but de leur donner certaines formes élégantes et agréables, de les obliger à fructifier et à diriger

une grande partie de leur séve au profit de
leurs fruits.

Les différents procédés de greffe étant généralement connus, je n'ai pas besoin de les
indiquer ; seulement, je dirai que l'huile de
noix et la cire d'abeilles, mélangées avec du
goudron, sont excellentes pour entourer et
protéger les greffes.

*Régénération des Terres. — Perfection des
Labours. — Temps et Saisons qui leur
conviennent.*

Il est évident que plus on cultive sans intelligence et sans précaution une terre quelconque, plus elle s'épuise et dégénère. Il
importe donc de la régénérer par le repos et
par des labours habilement dirigés et pouvant lui conserver ses qualités naturelles.

Une terre épuisée de culture et d'engrais

est dégénérée, stérile, lourde et se tasse d'elle-même. Il lui faut du repos et de l'engrais : le premier l'assainit, l'ameublit et la fertilise ; le second augmente encore sa fertilité. Le repos et l'engrais suffisent donc à la régénération de la terre; mais cela demande quelques années. Pendant ce temps, si l'on ne veut pas éprouver de perte de produits, on la cultive en sainfoin, en luzerne, en trèfle, etc. Ce ne sont pas les produits qui épuisent le plus la terre, c'est la mauvaise culture.

Une terre convenablement reposée et animée, saine, fertile, légère se relève d'elle-même ; en sorte qu'il semble qu'elle demande à produire. La bonne terre, en effet, se tient toujours à la surface du sol, et si on la recouvre d'une couche de mauvaise terre, elle finit avec le temps par se retrouver en dessus, sans le secours de l'homme.

Le travail des vers de terre, qui se nourrissent d'engrais ou de la meilleure terre où ils habitent, quand l'engrais leur manque, facilite cette opération ; aussi se multiplient-ils plus rapidement et avec plus de succès dans un bon terrain que dans un mauvais. Ils amoncellent aussi sur leurs trous des feuilles sèches qui sont tombées, et ils les font pourrir en les humectant et les pressant afin de s'en nourrir quand ils n'ont pas d'engrais, et ils transportent toujours leurs excréments à la surface de la terre. C'est encore par leur travail qu'ils parviennent peu à peu à butter le sol trop humide de certains prés, afin de se débarrasser de l'eau en se tenant dans ces buttes. Ils ont un ennemi dans la taupe, qui ne manque pas de les manger quand elle peut les attraper ; c'est pour cela que les meilleures terres et les meilleurs prés et les mieux fumés sont plutôt ravagés par les taupes que les autres. On prend les taupes avec des pioches, en les veillant, ou avec des taupières en fer ou en bois.

Quand on a régénéré une terre par le procédé indiqué, il faut la cultiver avec soin, de
manière à lui faire perdre le moins possible
de ses qualités. Ce qui est bon pour elle l'est
aussi pour les végétaux, puisque c'est d'elle
qu'ils tirent leur nourriture : la terre n'est
jamais ingrate pour ceux qui savent bien la
soigner. Or, la conservation des qualités de
la terre dépend en partie des labours, des
temps et des saisons où on les fait.

Il n'y a rien de plus pernicieux pour la
terre que de la labourer quand elle est trop
humide, que le temps est pluvieux, ou bien
aussi quand le sol est gelé. Le labourage en
automne et en hiver est souvent contraire
pour les qualités végétatives de la terre Ces
deux saisons doivent être consacrées à son
repos. On devrait même commencer à la laisser reposer dès la fin d'août, à moins que
l'on ait des semailles à faire.

On ne doit pas non plus labourer la terre

sèche lorsque la pluie ne l'a encore pénétrée qu'à moitié de la profondeur à laquelle on la laboure ordinairement, ce qui la détériore et nuit aux céréales qui doivent s'en nourrir. C'est une imprudence de retourner trop la terre sens dessus dessous en la labourant, surtout lorsqu'on la laboure trop profondément et qu'elle ne contient pas d'herbe ni de plantes nuisibles; un tel labour est contre nature et nuit aux céréales; il faut labourer pêle-mêle la terre végétale. Il n'y a que lorsque la terre contient des herbes qu'on la retourne sens dessus dessous en labourant, afin de les faire mourir.

Il n'y a pas de labours plus favorables à la conservation des qualités de la terre que ceux faits au printemps, sous un ciel serein et par un vent du nord, quand la terre est essorée. Un labour donné dans ces circonstances ameublit le terrain et favorise la végétation des plantes qui doivent l'occuper et s'y nourrir.

En résumé, toutes les opérations de culture, les labours, la taille de la vigne, l'élagage des arbres, les plantations, les semailles, etc., doivent être faites avec prudence, par un beau temps, une terre plutôt essorée que trop humide, et, s'il est possible, par un vent du nord, parce que dans ces conditions les végétaux et la terre elle-même sont moins sensibles à la température.

Les mêmes conditions doivent être observées pour la conservation du bois, quand on le coupe ou qu'on l'arrache pour en faire soit du bois de construction ou du bois de chauffage.

Pendant l'hiver, quand la terre est au repos, les gelées l'ameublissent, et la chaleur produit le même effet quand on laboure pendant la belle saison Ajoutons, pour terminer, que le transport des terres pendant la belle saison est très favorable à la végétation, que la chaux et la terre brûlée ameublissent et

fertilisent les terrains humides et froids, et
que la marne rafraîchit, engraisse et fertilise
les terrains maigres et altérés. En outre, les
terrains argileux, compactes et sans pores
peuvent être aussi ameublis et fertilisés en y
mélangeant des sables. Ces différents amendements sont favorables à la vigne, aux céréales, etc.

Je terminerai ce chapitre en disant qu'en
suivant les indications qu'il contient, on peut
être sûr de régénérer et fertiliser convenablement les terres et de conserver leurs qualités, ce à quoi contribuent puissamment le
repos, la perfection des labours et l'engrais.

Régénération des Pommes de terre, des
Céréales et des Prairies.

Je ne rechercherai pas ici, parmi les différentes variétés de terrains, celles qui con-

viennent le mieux à chaque espèce de plantes, car la température a souvent plus de part à la réussite des plantations que la nature du terrain dans lequel elles sont faites. Si le temps est légèrement pluvieux, il fertilise les terrains secs et nuit à ceux qui sont humides; dans le cas opposé, le contraire aura lieu. En tout temps, la sécheresse sans excès est souvent préférable à la pluie, par la raison que la chaleur assainit tout et favorise la floraison des végétaux, tandis que les pluies excessives corrompent tout et font avorter les fleurs.

Plusieurs variétés de terrains sont propres à la végétation des pommes de terre, qui nous viennent du Brésil (Amérique du Sud). Les terrains légers, reposés et engraissés sont les plus favorables; ceux qui leur sont contraires sont les terrains humides et marécageux, ainsi que ceux argileux, compactes et sans pores.

Pour régénérer les pommes de terre, il faut choisir avec soin la semence au moment même de la récolte. On doit prendre de préférence les tubercules dépendant des pieds les plus sains et les plus vigoureux parvenus à leur entière maturité et n'en ayant pas produit d'autres. A la saison de les semer, on fait un second choix : il faut préférer celles qui ont de gros germes ou qui ont apparence d'en avoir, car celles qui n'en ont pas, ou qui n'en ont que de très petits, sont susceptibles d'être stériles.

Les pommes de terre Saint-Jean sont souvent préférables, en ce qu'étant plus hâtives, elles sont mûres dès l'été, et la maladie n'y a pas autant de prise que dans les jaunes communes. Les pommes de terre Chardon sont aussi des plus robustes, des moins sensibles.

Le choix ainsi fait, on les sème en première saison, par un beau temps, un vent

du nord, s'il est possible, dans un terrain
bien meuble, plutôt sec qu'humide et défoncé
par un labour profond et parfait, afin de détruire les herbes. Si l'on craint qu'un excès
de fraîcheur ou d'humidité ne leur fasse tort,
on ajoute au pied de chaque tubercule, en le
plantant, des substances siccatives. Quand
les pommes de terre sont poussées, on leur
donne, selon que l'herbe domine, deux ou
trois légers labours à bras d'homme ou à la
charrue, en ayant soin de ne pas trop les
butter, et toujours en beau temps, autant
que possible, et quand la terre est un peu
essorée. Ces labours doivent être légers pour
ne pas atteindre les racines, et ils doivent
être terminés vers la fin de juillet, parce que
les labours de l'arrière-saison épuisent la
terre, tandis que ceux de la première l'a-
méliorent. Les pommes de terre étant ainsi
traitées résistent aux temps les plus contraires,
à moins qu'ils ne se prolongent avec excès.

On récolte les pommes de terre dans la première saison, si elles sont mûres, et l'on a soin de choisir pour cela un beau temps et un vent du nord, s'il est possible, et d'attendre que la terre soit essorée, afin qu'elles soient sèches quand on les rentre. Si l'on craint qu'elles ne se gâtent par suite d'un excès de fraîcheur ou d'humidité, on les place dans un appartement bien sec, entre des couches de plâtre cuit et moulu ou du sable sec.

On sème le maïs au mois d'avril, en beau temps et dans une terre plutôt sèche que trop humide ; mais il n'exige pas, comme les pommes de terre, un terrain très meuble et profondément labouré. Pourvu que la terre soit assez fertile, que les tiges soient assez aérées, que, suivant l'abondance de l'herbe, on lui donne deux ou trois légers labours, sans trop le butter, avant le mois d'août, en beau temps et quand la terre est un peu essorée, on peut être sûr de réussir. Le maïs jaune, assez robuste, doit être semé dans les faibles terrains, et le maïs blanc, plus délicat, doit être semé dans les plus forts terrains.

Le froment, qui est très facile à faire venir, est originaire de l'Inde. Il doit être semé à petites raies, par un léger labour, en retournant un peu la terre seulement pour couvrir la semence et le fumier, entre la mi-septembre et la mi-novembre, par un beau temps, dans un terrain pas trop mouvant, mais un peu humide, principalement lorsqu'on le sème en sillon, afin que la terre ne s'écroule pas; autrement on doit le semer dans un terrain plutôt sec que trop humide. J'ai vu du froment, de l'orge et de l'avoine semés dès le mois d'août, même dès leur maturité, et qui ont mieux réussi que s'ils avaient été semés plus tard. Il faut environ un demi-hectolitre de froment pour emblaver trente-deux ares de terrain. Si là terre est bien aérée et féconde, les herbes peu abondantes et le temps favorable, on peut être assuré de la réussite.

La terre est providentiellement organisée, car les végétaux qui naissent naturellement à sa surface, pour peu qu'ils soient favorisés, croissent admirablement. Les soins efficaces que nous devons leur donner sont de légers labours, un engrais assez consumé, le nettoyage et le repos des terres que nous n'employons pas assez souvent.

Plusieurs théoriciens sans pratique prétendent avec erreur surpasser dans les cultures la prudence des praticiens agriculteurs exercés. C'est là une discussion entre un grand nombre de ces théoriciens et les praticiens : ceux-là approuvent les labours modernes et désapprouvent les anciens ; ceux-ci, au contraire, approuvent les anciens et désapprouvent les nouveaux.

Les praticiens ont raison, en ce qu'ils s'enrichissent, faisant beaucoup plus de revenus place par place que certains théoriciens, qui se ruinent chaque jour par de nouveaux modes de cultures. Je ne désapprouve pas les divers genres de charrues, car un bon bouvier doit bien labourer avec quelque charrue que ce soit. Il nous faut, il est vrai, des Dombasle, des fouilleuses pour détruire les mauvaises herbes, etc. ; mais n'oublions pas que les anciennes charrues et les anciennes méthodes de labourer sont plus parfaites et plus respectables que certains théoriciens s'imaginent. Lorsqu'un grand nombre de ces derniers veulent semer leur blé, ils étendent leur fumier sur la terre qu'ils labourent très profondément, en la tournant complétement sens dessus dessous ; en conséquence, une terre presque invégétale se trouve souvent à la surface ; puis ils sèment leur blé sur cette surface et ne le couvrent pas assez avec la herse, croyant, par erreur, que ce blé aura beaucoup de labour par dessous et qu'il réussira mieux. Comme il s'en trouve une quantité qui n'est pas couverte de terre, les oiseaux et les rats le mangent. Ce froment se trouvant trop clair, étant dans une terre presque invégétable, et ses racines ne pouvant pas souvent atteindre l'engrais trop profond, qui n'a pas autant d'influence que parmi le sein de la terre végétale, sa réussite est manquée.

Néanmoins, quant à couvrir le blé avec la herse, il vaudrait mieux le semer sur un léger labour fait assez à l'avance, charger la herse et herser fortement, car le plus efficace pour le froment est que sa semence doit être sur le fumier et le tout enveloppé à la surface de la meilleure terre végétale, ce qui se fait précisément par nos anciens labours et nos anciennes charrues, ce qui pourrait aussi se faire par les nouvelles charrues.

Une grande partie des végétaux aiment à

prendre leur principale nourriture dans la meilleure terre végétale, qui doit toujours être placée naturellement à la surface du sol ; c'est pour cela que nos labours doivent être légers et que nous devons placer les engrais parmi la meilleure terre végétale. Plusieurs bouviers qui ont essayé de labourer un peu plus avant qu'à l'ordinaire ont dénaturé leurs terrains et manqué leurs récoltes.

Il est vrai qu'en labourant un terrain à 20 centimètres de profondeur et le tournant sens dessus dessous pendant plusieurs années de suite, et le fumant beaucoup chaque année, on parviendra à le fertiliser jusqu'à la profondeur du labour ; mais il faut considérer que cet excès de terre végétale ne sera pas plus avantageux au froment que s'il n'y en avait que la moitié. Un tel labour ne peut se pratiquer que par les riches propriétaires, et avec de fortes et lourdes charrues et de forts bestiaux ; mais il est impraticable pour les petits propriétaires , qui ne peuvent labourer leurs terres qu'avec de légères charrues, telles que nos anciennes et autres, en ce qu'ils ne peuvent nourrir que des petits bœufs, des ânes, etc. En outre, ce pénible labour coûte beaucoup parce qu'il faut fumer fortement chaque année pour avoir du blé, tandis qu'avec nos anciens labours, une médiocre fumure nous fait obtenir passablement de blé pendant trois années de suite.

Ce qui nous prouve que ce n'est pas l'excès de terre végétale qui vaut le mieux pour le blé, c'est que nous voyons des froments réussir aussi bien, avec les mêmes soins, sur des calcaires et des rochers fisseux sur lesquels il y a à peine 4 centimètres de terre végétale, que dans des terres végétales qui ont 2 mètres de profondeur.

Ce qui nous prouve aussi que le labour tourné sens dessus dessous n'est pas le plus favorable aux céréales et autres, c'est que,

croyant mieux faire, je me suis plu à perfectionner à bras des labours en rayons, en
tournant la terre sens dessus dessous, pour y
semer du froment et quelquefois du chanvre;
il en est résulté que ces deux récoltes ne réus-
sissaient pas si bien que dans les anciens labours, moins perfectionnés et faits avec nos
anciennes charrues.

L'expérience nous prouve qu'il ne faut pas
semer et envelopper le froment sur des labours trop meubles et trop récents; il faut
que le labour sur lequel doit être semé et
enveloppé le froment soit fait dans une terre
plutôt essorée que trop humide, un mois
avant les semailles, afin que ce labour ait le
temps de se durcir un peu et de se fertiliser
par l'air et le soleil avant de recevoir des
semences.

Ce qui nous prouve encore que le froment
préfère seulement une croûte mince de terre
non labourée, mais assez fertile, à une terre

très meuble, épuisée de culture et d'engrais, récemment et profondément labourée, c'est que nous voyons quelques pieds de froment bien réussir sur des sols d'abord presque infertiles, mais dont la surface est devenue fertile pour avoir passé plusieurs années à l'air et au soleil sans être labourée, comme dans de vieilles allées de vignes, sur des murs découverts entourant des aires, etc. En effet, ce qui a favorisé la réussite de ces pieds de blé dans ces vieilles allées de vignes, ce ne peut être que d'avoir été semés en première saison, c'est-à-dire au mois de juillet, ces quelques grains étant tombés par hasard dans ces allées de vignes pendant qu'on moissonnait les allées de champs arables ; en outre, une faible croûte de la surface de ces allées de vignes s'était rendue fertile pendant les quelques années qu'elles sont restées en friche. L'expérience prouve que si l'on arrachait ces allées de vieilles vignes et les labou-

rait complétement à une profondeur raisonnable, puis y semait du blé sans le fumer
fortement, il y réussirait très mal, en ce que
ce terrain est très épuisé de culture et d'engrais, car on fume rarement les vignes dans
notre pays ; cette faible croûte de terre végétale serait impuissante étant mêlée parmi trop
de terre presque infertile.

Il en est ainsi de la cime de ces murs, qui
est du sable d'abord infertile. Je suppose qu'elle
soit bien labourée, sans la fumer elle ne pro-
duirait presque rien ; la surface seulement s'est
rendue fertile par l'air et le soleil, et la vo-
laille peut y avoir aussi déposé quelques engrais; en outre, ces quelques pieds de froment
ont été semés en première saison, c'est-à-dire
ont sauté sur ces murs en battant les blés
pendant la première quinzaine d'août, saison où on les bat ordinairement dans notre
pays.

D'après les expériences ci-dessus, il est

facile à comprendre que les labours n'exigent pas toutes les peines et les soins que plusieurs théoriciens s'imaginent. Je suppose qu'un terrain soit préparé par les labours qu'on donne ordinairement au maïs ou aux pommes de terre. Après que l'on aura étendu le fumier sur ce terrain et que l'on aura semé le froment sur cet engrais, qu'un mouton simplement laboure ce terrain de suite, soit droit ou tors, avec un crochet en fer ou en bois, seulement à 3 centimètres de profondeur afin de couvrir la semence et le fumier également de 3 centimètres de terre végétale, ce froment réussira parfaitement, c'est-à-dire qu'il réussira mieux que si ce terrain était labouré droit et trop profondément en retournant le labour sens dessus dessous. Mais il ne faut pas pour cela laisser de labourer la terre le plus droit possible, au moins à 10 centimètres de profondeur.

Il y a plusieurs théoriciens qui prétendent

que l'on peut toujours augmenter la récolte des grains ; c'est encore une erreur, car il est bon de remarquer que nous ne pouvons exiger qu'une parfaite réussite : c'est celle où le terrain est très bien occupé, qu'il n'y a pas trop de place de vide, et que le froment est d'une beauté à se tenir à peine ; celui qui se renverse a trop de réussite, en ce qu'étant renversé avant sa maturité, le grain dépérit.

Les meilleurs champs en plein, bien aérés, reposés, fumés et labourés à l'ancienne mode, avec d'anciennes charrues, donnent ordinairement de 30 à 35 hectolitres de froment par hectare ; mais il ne réussit pas tout à fait aussi bien dans les allées de champs entre des allées de vignes, car le froment est comme les autres récoltes, il n'aime pas les racines ni l'ombrage des arbres.

Les anciennes charrues et les anciens labours sont des plus faciles pour tout le monde, des moins coûteux et des plus efficaces pour la parfaite réussite des froments.

La fumure des prés confirme encore fortement les expériences ci-dessus, en ce qu'elle se fait sur l'herbe sans labourer la terre et sur la surface du sol ; si c'est en bonne saison et que l'engrais soit bon, l'amendement est efficace et l'herbe vient souvent si abondante qu'elle se renverse.

Une telle fumure serait aussi favorable au froment, mais elle ne serait pas aussi efficace que celle que nous employons, en enveloppant légèrement ensemble le fumier et la semence à la surface de la meilleure terre végétale ; elle ne saurait non plus avoir autant d'influence pour les blés qu'elle en a pour les prés, parce que l'on serait obligé de fumer les froments plus tard que les prés ; en outre, la surface des champs étant moins fertile, plus sèche et souvent moins ombragée par les blés que la surface des prés par l'herbe, tout cela contribuerait à ce que l'air et le soleil dessécheraient trop les engrais.

En effet, la surface des prés, souvent plus fraiche par l'herbe et sa basse situation, est plus fertile par le repos que celle des champs ; en y ajoutant encore un bon engrais, il est évident que cela ne peut faire que d'être très avantageux à l'herbe, très vivace et très enracinée dans un sol solide et naturellement bien organisé.

Ce que nous pourrions aussi faire de plus pour la réussite et l'abondance du froment, ce serait de l'arroser avec du purin après être sarclé, au mois de février ou mars, sur une terre plutôt sèche que trop humide. Chaque propriétaire devrait avoir une fosse à purin destinée à recevoir les égouts contenant des engrais, tels que ceux de ses tas de fumier, de ses étables, etc., qui souvent se perdent. On pourrait aussi obtenir du purin en démêlant dans de l'eau du fumier assez consumé, des terres brûlées, etc.

Cet arrosage pourrait se pratiquer à l'aide d'un tonneau mis en long sur une charrette, en ayant soin de placer au bout de derrière du tonneau, au bas, un gros robinet à clé, à l'extrémité duquel s'ajusterait solidement et librement, en travers, un tube d'environ 1 mètre 50 centimètres de longueur et percé par-dessous comme la pomme d'un arrosoir.

Cet équipage serait conduit par deux hommes, l'un derrière pour ouvrir ou fermer le robinet utilement, l'autre devant pour conduire le bétail, afin d'aller et venir dans le champ jusqu'à ce que tout le blé soit parfaitement arrosé.

Les amendements ont toujours beaucoup plus d'avantage, pour le froment et les autres céréales, dans les terrains préparés par les bons labours de maïs, de pommes de terre, etc., que dans les terrains couverts de chaume et non préparés par les vivifiants labours de la belle saison. En effet, les labours de la belle saison étant très avantageux pour le froment, on doit de préférence les pratiquer, et les terrains ainsi préparés ne doivent pas être relabourés avant de semer le froment. Néanmoins, s'ils contenaient trop d'herbes nuisibles, on pourrait les relabourer un peu, au moins quinze jours, avant de les ensemencer. On étend bien le fumier sur le terrain, on sème le froment sur le fumier, et l'on couvre légèrement le tout à sillons ou à plat; les sillons sont souvent plus avantageux, principalement lorsque le terrain est sujet à l'humidité. L'excès de l'eau est plus à craindre que l'excès de froid. On peut opérer aussi sans fumer, pourvu que le terrain soit assez propre et fertile. Mais pour semer des blés sur du chaume, il faut que le terrain soit un peu labouré dans une terre plutôt sèche que trop humide, au moins un mois avant d'y semer le froment.

En effet, une bonne culture est très favo-

rable aux végétaux ; mais ce n'est pas assez,
il faut aussi de l'engrais pour les alimenter.
Le fumier étant une des principales sources
de la fécondité de la terre, il est du devoir
des propriétaires d'apprécier combien il faut
d'engrais pour la fertiliser convenablement,
combien de bétail pour obtenir cet engrais,
et combien de pâture pour bien nourrir ce
bétail. S'ils n'ont pas assez de prés naturels,
ils doivent s'en créer artificiellement parmi
leurs terres arables. Pour créer de bonnes
prairies artificielles, telles que sainfoin, luzerne, trèfle, etc., il faut des terrains propres et fumés. Lorsque ces prairies artificielles sont un peu poussées, vers la fin de mars,
on y sème du plâtre cuit, ce qui les favorise,
pour peu que les mois d'avril et mai soient
pluvieux ; mais si ces deux mois sont secs,
ce plâtre ne leur fera pas grand'chose, à
moins que la récolte parvienne à ombrager
le terrain avant qu'il soit trop sec.

Les prairies artificielles sont quelquefois détruites par la cuscute parasite. On peut faire disparaître cette plante dévorante en coupant une ou plusieurs fois l'herbe au ras de la terre, au-dessous de cette mauvaise plante.

De plus, ils doivent aussi semer des vesces (vulgairement appelées jarosse ou garobe), pures ou mêlées avec de l'avoine ou du seigle, ainsi que des carottes, des choux, des navets, du colza, du maïs épais d'été, des pommes de terre, des betteraves, des topinambours, etc. Ils doivent aussi toujours chercher à avoir le bétail le plus avantageux, le tenir en bon état ainsi que les étables; en outre, ils doivent connaître la nature du sol et sa puissance productive, afin de pouvoir donner à chaque espèce de terrain les plantes qui peuvent le mieux y réussir et y rapporter le plus de bénéfices. Ces détails étant assez connus, je dirai seulement que les terrains demandent un peu à changer de production et que plusieurs végétaux veulent également un peu changer de terrain.

Néanmoins, les sucs de la terre sont inépuisables. En effet, bien que l'on mettrait toujours la même récolte, dans un même terrain, pourvu qu'il soit assez reposé et amendé, elle y viendra toujours bien.

On peut aussi amender une terre en enveloppant légèrement, par un labour à sa surface, des fourrages parvenus à leur plus grand développement, c'est-à-dire avant que leurs graines soient mûres, telles que des fèves, du trèfle de deux ans, etc. Quant au trèfle, on doit faire d'abord les deux premières récoltes et envelopper la troisième. On sème du froment sur ce labour, qui doit être propre et fait au moins quinze jours auparavant, et on le couvre de terre végétale avec la herse chargée.

Le gros froment blanc (blé de bout), qui est le plus délicat, fait le moins de fleur, le pain moins blanc et moins savoureux, et dont la paille pleine est moins longue et plus dure, ne doit être semé que dans les terrains les plus fertiles, tels que chènevières, etc , en ce que sa paille étant moins longue et plus dure, les pluies et les vents la renversent moins ; et le blé roux, qui est le plus robuste, fait le plus de fleur, le pain plus blanc et plus savoureux, et dont la paille creuse est plus longue et moins dure, craignant moins la chaleur, doit être semé dans toutes sortes de terrains, à l'exception des plus fertiles, dans lesquels il se renverserait plus tôt que le gros blé blanc. Les deux espèces de froment ci-dessus tallent assez bien.

Il arrive souvent que le froment est attaqué de la carie, qui lui cause des dommages incalculables. Il importe de combattre cette maladie, car si tout le froment venait à être infecté, on perdrait cette précieuse céréale.

Pour remédier à ce mal, il n'y a rien de mieux à faire que de choisir celui qu'on destine à la semence, brin par brin, épi par épi, lorsqu'il est mûr, avant de le moissonner, puis le déposer dans un appartement sain et propre, et l'égrener avec soin. Ensuite on le lave bien et on le chaule avec de la chaux vive avant de le semer. En faisant ainsi, on est à peu près certain de préserver le froment de la carie.

En définitive, les céréales n'exigent pour bien réussir qu'un terrain propre, bien aéré, pas trop meuble, reposé et amendé; mais, comme je l'ai dit plus haut, il faut les semer par un léger labour, fait avec des charrues ne labourant pêle-mêle que le sein de la terre végétale. Les labours trop profonds et qui retournent trop la terre sont contraires à la croissance des céréales. Leur sarclage doit être fait à la main ou à la herse.

Lorsqu'à la moisson l'herbe est en trop grande quantité, afin de l'empêcher de se multiplier davantage, on coupe le blé au-dessus de l'herbe, et, par un temps sec et venteux, on met le feu à ce qui reste. Les herbes et leurs graines ainsi brûlées nettoient le terrain et le fument pour l'année suivante.

Je ne donne point ici de grands détails sur les prairies ni sur toutes les différentes sortes d'engrais ; seulement, je dis que les amendements de la première saison pour les prés, aussitôt que le foin est coupé, sont beaucoup plus avantageux que ceux de l'arrière-saison ; en outre, les engrais gras et frais sont bons dans tous les prés, mais principalement dans les prés altérés, tandis que les engrais altérés, tels que la terre brûlée et autres, ne sont bons que dans les prés déjà trop humides. On peut détruire la mousse des prés avec de la cendre vive.

Néanmoins, nous avons une certaine quantité de prés qui deviennent improductifs. De telles prairies demandent à être régénérées ; pour y parvenir, on les laboure et on y sème pendant une ou deux années de suite du froment ou du seigle, etc. On fume ce terrain et on le remet en pré, en commençant d'abord par du trèfle, du ray-gras, etc., ce qui fait d'excellentes prairies.

Il vaut mieux faucher le foin trop tôt que trop tard, car celui qui est coupé un peu avant sa maturité a plus de sucre et est meilleur que s'il était trop mûr.

Il ne faut faucher les prés à regain que deux fois l'an, et surtout ne pas faire la dernière coupe trop tard ; c'est-à-dire que cette dernière doit être faite à la fin de septembre, afin que les prés aient le temps de se rétablir et de repousser avant les gelées.

De l'Arrosage et de l'Irrigation.

Il est évident que l'arrosage est nécessaire aux végétaux, principalement pendant l'été, quand la terre est altérée ; mais on ne peut arroser tous les champs, il faut s'en rapporter pour cela à la volonté de la Providence.

Mais si l'on ne peut arroser toutes les terres, on peut du moins arroser les jardins, qui sont le plus souvent à proximité des habitations ; il est bon de les arroser à profit.

La meilleure eau à boire, la plus saine, la plus limpide est préférable pour l'arrosage à celle des rivières. Ce qui le prouve, c'est que l'on voit autour des fontaines de grandes quantités d'herbes marécageuses que l'eau à fait croître, même sur les terrains les plus stériles. L'expérience a prouvé que l'eau des grandes rivières ne saurait avoir cet avantage. Cette différence tient sans doute à ce que plus l'eau est longtemps exposée à l'air, comme celle des rivières, plus elle est corrompue ; et si les eaux des fleuves débordés fertilisent les terrains qu'elles inondent, c'est parce qu'elles déposent des engrais qu'elles ont recueillis sur leur passage, le long des terrains amendés. Ajoutons que lorsque les rivières sortent de leur lit, leurs eaux sont améliorées par les grandes pluies qui les ont fait grossir.

Il est surtout important d'arroser avec de l'eau dont la température soit en harmonie avec celle de la terre et des végétaux ; en sorte que si l'on veut arroser vers le soir, quand la terre est encore échauffée par la chaleur du jour, il faut auparavant faire un peu tiédir l'eau en l'exposant au soleil ; mais si l'on arrose dès le matin, quand la terre et les végétaux sont encore en harmonie avec la fraicheur de la nuit, il est inutile de faire tiédir l'eau ; on l'emploi à la température naturelle des puits ou des fontaines. On conçoit, en effet, que si l'on arrosait de la terre et des végétaux chauds avec de l'eau froide, et de la terre et dés végétaux froids avec de l'eau chaude, les végétaux en éprouveraient une contrariété subite qui leur serait préjudiciable. L'expérience prouve, en effet, que si l'on arrose avec de l'eau tiède des herbes couvertes d'une petite gelée blanche, on les fait périr à l'instant. Le mal serait plus ou moins grand selon la différence qu'il y aurait entre la température de l'eau et celle de la terre et des végétaux ; d'où je conclus que le meilleur arrosage est celui du matin, parce qu'alors l'eau fertile des puits ou des fontaines est à peu près en harmonie avec la fraîcheur de la terre et des végétaux refroidis par la nuit précédente. Au reste, à quelque heure de la journée qu'on arrose, il faut donner peu d'eau aux végétaux délicats et davantage à ceux qui sont robustes.

L'irrigation offre de grands avantages sur des prés altérés ; mais le morcellement de la propriété s'oppose souvent à cette opération, ainsi qu'à plusieurs autres bonnes directions de cultures. Malgré cela, il faut faire arroser les prés altérés, autant que possible, par l'eau des ruisseaux, des fontaines, des égouts des chemins et des rues, etc.

Il y a plusieurs terrains arables et vignobles auxquels l'eau nuit souvent; on peut y remédier dans les parties les plus basses par le drainage, en y pratiquant des fossés de drain de 60 centimètres de profondeur, allant jusqu'aux extrémités du terrain incliné, dans lesquels on place des tuyaux de drainage d'une grosseur supérieure à la quantité d'eau qu'ils doivent recevoir, lesquels s'emboitent l'un dans l'autre. On pourrait encore mettre au fond des fossés des pierres, entre lesquelles l'eau s'égoutterait et circulerait.

Il y a aussi une grande quantité de marais dont l'eau croupissante donne naissance à des miasmes insalubres et rend le sol impropre à toute culture; plusieurs de ces marais pourraient s'assénir et se dessécher par le drainage, qui serait le moyen le plus hâtif.

Néanmoins, les marais se dessèchent d'eux-mêmes par la longueur du temps. On connaît des marais dans lesquels autrefois on ne pouvait pas aller à pied, tant le sol était humide et mou; aujourd'hui on y va avec chevaux et charrettes, sans qu'on y ait fait aucune opération de drainage.

En effet, les marais occupés par une eau tranquille et croupissante produisent beaucoup d'herbes et de plantes aquatiques, dont les racines attirent et resserrent les dépositions d'eau ainsi que celles des herbes, telles que leurs tiges et leurs feuilles, qui renaissent et meurent tous les ans, et retombant dans l'eau, à leurs pieds, forment une boue noire et meuble, parmi laquelle l'eau passe comme au travers d'un tamis. Ces herbes et ces plantes, dépérissant ainsi chaque année, haussent le sol peu à peu; lorsque ce sol est au niveau de l'eau, il se multiplie encore

d'une quantité d'herbes et de plantes marécageuses, telles que les roseaux, etc.; de
sorte que quelques années après, ce sol se
trouve assez élevé et durci par l'air et le soleil
pour pouvoir y conduire des chevaux et charrettes. On coupe ces herbes et plantes marécageuses pendant deux ou trois années de
suite ; on amende parfaitement ce sol, qui
change de suite ses productions marécageuses en bons et abondants fourrages pour les
bestiaux. Voilà comment les marais se trans-
forment en excellentes prairies.

La tourbe combustible que l'on extrait
des marais n'est autre chose qu'une compo-
sition de dépositions d'herbes et de plantes
aquatiques et d'eau croupissante. Le fond de
la tourbe est le lit des marais de l'antiquité.

Les rivières produisent aussi des plantes
aquatiques ; mais leur déposition est souvent
entraînée par le cours de l'eau.

La vase que l'on extrait des rivières est

d'abord infertile, tant elle est lavée ; mais elle se fertilise par l'air et le soleil.

Reboisement des Montagnes.

Le reboisement des montagnes serait un bien ; mais nous ne pouvons pas nous occuper de tels travaux, attendu que nos plaines, plus intéressantes, manquent de bras.

Malgré les encouragements accordés à l'agriculture par les sociétés savantes et le gouvernement, cela n'empêche pas que beaucoup de jeunes cultivateurs laissent les campagnes pour encombrer inutilement les villes d'ouvriers.

L'agriculture, qui est le premier des arts, le plus utile et souvent le plus favorable, devrait être enseignée dans les écoles. Celui qui prend du goût à cultiver la terre est doué d'un sort très heureux. La cherté des récoltes ramène l'ouvrier à l'agriculture. La hausse du blé cause souvent du mécontentement. Cette cherté est occasionnée par la disette et la spéculation. Plus la disette est grande, plus la spéculation est animée. C'est pourquoi il serait nécessaire que la spéculation fût modifiée de manière que les spéculateurs transportassent utilement et sans accaparement le blé d'un lieu où il y en aurait trop dans un autre où il en manquerait. Un grand nombre de riches spéculateurs tiennent quelquefois le monopole des subsistances ; possédant assez de fonds, ils jouent la spéculation.

De quelques Animaux utiles ou nuisibles aux Végétaux.

Les escargots causent parfois de grands dommages aux vignes, comme les limaçons en causent à d'autres végétaux de premier ordre, tels que le seigle et souvent le froment. Ils ont un ennemi dans le crapaud, que la plupart des cultivateurs ont l'imprudence de tuer dès qu'ils l'aperçoivent. Ils ont tort, car le crapaud est un animal inoffensif, qui se tient le jour tranquillement dans son trou et n'en sort que la nuit pour chercher sa proie ; et c'est alors qu'il rend d'éminents services à l'agriculture, en détruisant un grand nombre d'animaux nuisibles, tels que les vers, les chenilles qui rampent à terre, les limaçons, les sauterelles, les grillons, les courtilières, les fourmis et une infinité d'insectes nuisibles.

Les belettes ont aussi leur utilité pour la prospérité des végétaux · elles détruisent les rats et autres rongeurs nuisibles.

Les oiseaux sont encore de précieux auxiliaires pour le cultivateur, et malgré les préjugés qui s'attachent à certaines espèces, les services qu'ils rendent sont inappréciables.

Je citerai la chouette, qui détruit une quantité considérable de rats et d'insectes ; la mésange, la fauvette, le pinson , etc., qui font leur nourriture de chenilles et de larves de toute nature.

S'il est un animal que l'on doive détruire, c'est le serpent venimeux , cet affreux reptile dont la blessure est dangereuse et qui tue le crapaud, dont je viens de constater l'utilité. On devrait aussi détruire les oiseaux de proie, tels que la pie, l'épervier, etc., qui détruisent une grande quantité d'oiseaux utiles et agréables. Quelques personnes seront peut-être surprises comment les pies, qui volent lentement, peuvent prendre des oiseaux qui volent plus rapidement. Ce n'est pas lorsque ces oiseaux ont l'instinct et la force de se sauver que les pies les prennent ; c'est lorsqu'ils sont jeunes, qu'ils ne peuvent pas encore bien voler, et souvent avant qu'ils soient sortis de leurs nids. Lorsque les pies trouvent des nids, elles mangent toujours ce qu'il y a dedans, soit dès œufs ou des petits. Voilà pourquoi plusieurs oiseaux font la guerre aux pies pendant la saison de leurs nids.

Considérations générales.

J'ai commencé à cultiver la terre très jeune, j'ai par conséquent dans ma longue carrière acquis l'expérience nécessaire pour conduire un grand nombre de végétaux, et je pourrais indiquer ici les moyens les plus convenables de les régénérer ; mais, dans la crainte d'être trop long, je me contenterai de ce que j'ai dit concernant les plus précieux et les plus utiles, qui sont aussi ceux qui ont le plus besoin de secours. L'attention du lecteur n'ayant à se fixer que sur un petit nombre de règles, il pourra aisément les saisir et les appliquer aux végétaux qui font l'objet principal de la culture dans plusieurs contrées.

J'ai cultivé pendant trente ans les diverses plantes dont j'indique ici le mode de régénération; je les ai vues croître, puis dégénérer de jour en jour, d'heure en heure, et enfin périr. J'ai étudié autant que possible leurs maladies et leurs causes, et ce n'est qu'après de longues et nombreuses expériences que j'ai acquis les connaissances pratiques que j'ai consignées dans ce traité. On peut donc avoir une entière confiance dans les notions que j'ai données pour la régénération des végétaux ici traités.

Si je suis entré dans quelques détails théoriques, c'est que je suis convaincu qu'on ne peut convenablement régénérer un végétal quelconque sans être à même d'apprécier, non-seulement par l'expérience et la pratique, mais encore par la théorie, sa nature intime et les causes qui peuvent lui nuire, comme celles qui lui sont favorables. Mais il ne faut pas que la théorie soit le seul guide du cultivateur, car l'expérience trompe souvent le jugement. En outre, on voit souvent des auteurs qui prétendent traiter de l'agriculture et qui, embrassant un trop grand nombre de plantes, se lancent dans des traités très étendus et souvent fort erronés, ou qui voulant trop enseigner n'enseignent rien. Mieux vaut ne pas tant parler et parler mieux.

La prudence, qui doit diriger l'homme dans les affaires ordinaires de la vie, doit aussi diriger le cultivateur dans l'adoption de telle ou telle méthode comme dans ses travaux, et le simple bon sens lui dit que de toutes les manières d'opérer celle qui produit les résultats les plus avantageux est la meilleure. Qu'il les compare donc les unes aux autres et qu'il choisisse celle qui lui fera obtenir les produits les plus beaux et les plus abondants. Celui-là a atteint la perfection qui, dans une terre de même nature, de même contenance, de même qualité et située dans les mêmes conditions de climat et d'exposition, a obtenu le plus de produits. Un bon propriétaire cultivateur doit avoir son grenier plein de blé, sa cave pleine de vin et sa bourse pleine d'argent.

Un sage propriétaire doit soigner ses revenus et s'en servir raisonnablement. Il doit vendre son superflu et ne point abuser de son argent, prévoyant qu'il aura de mauvaises années et de coûteuses réparations à faire faire à sa propriété, à ses bâtiments, comme transports de terre, replantations de vignes, reconstructions de maisons, achats de meubles, etc., etc.

Tous les êtres, animaux ou végétaux, sortis des mains du souverain Créateur sont sains et vigoureux, presque insensibles aux intempéries jusqu'à leur âge de maturité, mais à la condition qu'ils soient bien traités.

Néanmoins, en ce qui concerne les végétaux, on les voit souvent dégénérer avant le temps, eux et la terre qui les nourrit. Toutefois, il ne serait pas raisonnable de croire que cette dégénérescence puisse devenir jamais générale, car tout ce que Dieu a créé se renouvelle, mais ne meurt pas entièrement.

Si nous éprouvons des pertes par suite de l'épuisement de la terre, de la dégénération des végétaux et des contagions qui les détruisent, ce sont des avertissements du ciel, qui nous punit des fautes que nous commettons dans la culture des terres et des plantes qu'il nous a données. Leurs traitements intelligents et les temps favorables nous indemnisent des pertes que nous causent les fléaux dont je viens de parler.

Évitons la paresse, et considérons le travail, la prudence et la sobriété comme nous assurant la santé et la prospérité. De même que notre paresse ou notre ignorance est souvent la cause première de la dégénération des végétaux et des terres confiées à nos soins, de même nos passions mal gouvernées sont souvent les causes de la dégénération de notre corps, de notre santé et de notre intelligence, dégénération plus redoutable pour nous que celle des végétaux. Sachons donc nous modérer prudemment, aussi bien dans nos travaux que dans nos passions, nous nous en trouverons bien, ainsi que nos végétaux et nos propriétés.

FIN.

TABLE DES MATIÈRES.

FIN DE LA TABLE.

Angoulême, Imp. A. Nadaud et Cⁱᵉ.

[illegible]

[illegible]

[illegible]

[illegible]

[illegible]

[illegible]

[illegible]

www.ingramcontent.com/pod-product-compliance
Ingram Content Group UK Ltd
Pitfield, Milton Keynes, MK11 3LW, UK
UKHW020154130726
13696UKWH00002B/512